# 自律

## 逃离舒适区，成为自己的女神

徐林 Grace 著

電子工業出版社
Publishing House of Electronics Industry
北京·BEIJING

## 内容简介

本书，给所有的现代女性。如果你是——渴望生活与工作可以完美平衡的你；对自己有要求，期待变得更好的你；渴望在职场中成就自己的你；想要变美却不知从何做起的你；想生活得更有品质、更有品位，成为更有内涵、更有气质的你。

身为现代女性的你，不论是温婉小女子，还是豪情女汉子，或许你有很多烦恼：职场的发展遭遇瓶颈，工作和生活不能兼顾，对自己的身体状态越来越不满意……本书作者徐林Grace，曾经历任多家全球知名企业高管，如今的女性创业者，在本书中，通过六个主题——会做人、会做事、会生活、会美丽、会恋爱、会快乐，娓娓道来，与你分享她的生活和职场经验，助你成就更好的自己。

自律、勇敢和智慧，成为和徐林 Grace 一样优秀的女性，成为自己的女神。

未经许可，不得以任何方式复制或抄袭本书之部分或全部内容。

版权所有，侵权必究。

**图书在版编目（CIP）数据**

自律：逃离舒适区，成为自己的女神 / 徐林Grace著．—北京：电子工业出版社，2018.6

ISBN 978-7-121-33783-3

Ⅰ．①自… Ⅱ．①徐… Ⅲ．①女性－成功心理－通俗读物 Ⅳ．① B848.4-49

中国版本图书馆 CIP 数据核字 (2018) 第 039916 号

策划编辑：张瑞喜

责任编辑：张瑞喜

印　　刷：中国电影出版社印刷厂

装　　订：中国电影出版社印刷厂

出版发行：电子工业出版社

北京市海淀区万寿路 173 信箱　邮编：100036

开　　本：880×1230　1/32　印张：8　字数：150 千字

版　　次：2018 年 6 月第 1 版

印　　次：2018 年 6 月第 1 次印刷

定　　价：39.80 元

凡所购买电子工业出版社图书有缺损问题，请向购买书店调换。若书店售缺，请与本社发行部联系，联系及邮购电话：（010）88254888，88258888。

质量投诉请发邮件至 zlts@phei.com.cn，盗版侵权举报请发邮件至 dbqq@phei.com.cn。

本书咨询联系方式：zhangruixi@phei.com.cn。

# 自序

## 我不完美，但我有很多想与你分享

徐林 Grace

朋友们好，我是徐林Grace。

我是一个创业者。在过去的22年里，我去过很多不同的国家，经历了不同的文化背景、不同的职场角色。从大学毕业在雀巢公司做普通的销售管理人员起步，一直做到世界500强公司的美国公司副总裁，可以说经历了白领，粉领到金领，最终我决定回国创业。这本书，记录了我个人在职场发展中的心得，希望可以帮助到周围的朋友。

我是一个“好为人师”的人。在生活中充当过好朋友的“导师”的角色，尤其是对初入职场的人，以及在职场上发展了几年遇到瓶颈的朋友们。我是典型的狮子座，是一个极度外向型的人，所以特别喜欢社交，喜欢在人多的地方，喜欢在台上。人越多的时候，自己的状态就越好，所以在社交方面，对于很多初入职场和初入社交场合的朋友们，我也有一些小的经验愿意和大家分享。

我是一个“健身狂人”。我基本上每天健身，喜欢做各式各样的运动。我对营养很注重。因为很小的时候我就不愿意吃肉食类的东西，觉得动物会痛。小时候妈妈让我吃鱼，我说鱼是会痛的。但是自己长期运动，所以就特别需要对营养额外注重。作为素食主义者，在吃与营养搭配上我做了一些总结。我先后在三家特别知名的百年营养品公司做过高管，在营养方面也进行了专业和多层面的学习。

我还是一个兴趣爱好极其广泛的人。各种各样的冒险运动，室外运动，室内运动，读书艺术音乐舞蹈各方面的事情，只要我没有尝试过的，我都特别有兴趣。同时我又是一个旅游狂。我去过50多个国家，不是走马观花，而是每到一个国家，都深入地了解当地的人文和地理。我会英语、法语和西班牙语，所以可以和当地人深入沟通。在古巴，我住在当地学者的家里三个星期，和他们用西班牙语沟通；在坦桑尼亚，我花了5天的时间和专业的登山运动员一起去攀登非洲最高峰乞力孟扎罗山；去南非的时候，我则和当地的冒险家一起，乘坐他的私人飞机跨越南非去纳米比亚。在兴趣爱好和旅游方面也积累了一些小窍门和小经验。

我经历过一次跨国婚姻，后来离婚，重回单身。所以在恋爱婚姻方面，我可以给大家讲讲自己的亲身经历。

我的朋友，都觉得我是一个充满正能量的人。其实每个人的一生，每天都面对很多很多的挑战，我也一样。我并不完美，如果说我过去的经历可以算是“成功”的话，我总结最重要的一点是自律。不论是学习、工作、生活还是运动，很多事情，自律才能更自由，自律才能严格地按照目标所需要的标准去做，自律才能接近并达到目标。

但是，我们不是机器，所以，我还在学习做一个快乐的人，做一个能够持续地保持正能量的人。成为一个快乐的人是一生最重要的事情。我希望每一个人每天都能获得一点正能量。我认为快乐的“金字塔”有三个重要的支柱——营养，健身和正能量。

这本书分享了很多我的个人经历和感悟，更多是从女性的视角来写作。但是，我想其中的大部分观点，也同样适合现代男性。同时，我也建议现代男性更多地了解当下的女性，帮助你身边的女性——你的女友、妻子、母亲、孩子，成就他们的事业、健康、美丽、独立，让他们生活得更加快乐，相信也能让你们的生活更加完美。

在这本书的几十个话题里，希望你能获得一点小的心得，同时更希望大家能够成为我的朋友。在漫漫的人生旅途中，拥有真正的朋友是人生最难得的事情。这个朋友不见得一定是你周围的普通朋友，也可以是你的孩子，你的父母，你的同事，或者这本书背后的我。

---

我是徐林Grace，欢迎你跟我交流。我的简书联系方式：徐林Grace。

# 序

## 徐林Grace是我认识的最有趣的人

薄荷减肥 CEO　马海华

在这里，我要向大家隆重推荐我的好朋友徐林 Grace。

徐林是一个特别棒的女孩，也是我最好的朋友。她的那些辉煌的履历就不用说了，我觉得她是一个很有意思的人。她懂得很多的知识，知道很多关于健康的产品，益生菌，维生素，DHA……。她还懂得很多和人相关的东西，她很宽容，能够去理解人生的困境，又能够去认真做好玩的、有意思的事情。

我记得很多我们交往的细节。我们一起吃饭，喝酒，做瑜伽，练泰拳。好像这就是她最喜欢的生活方式。徐林一直是吃素的，对健康特别在意，但是她却爱喝酒，喝香槟，喝葡萄酒。我们经常在一起喝酒，一起玩，一起谈人生，谈事业，一起分享生活中有趣的事情，每次我都能够有很多的收获。

徐林精力非常旺盛。她在从大公司出来之后，能够去创建一个属于自己的公司，自己的品牌，带领那么多人，这真是特别棒。很多我们男人可能都做不成的事情她都能做成。

每一个人都有很多的兴趣爱好，但是徐林的兴趣爱好都很健康、很阳光。练瑜伽啊，跳舞啊，美酒啊，美食啊，还去参加和主持各种社交活动，各种Party。她真是一个特别有意思的人。

徐林给我的第二个印象特别深的事情是，她有非常多有趣的朋友。高盛的高管是她的姐妹，好多跨国公司在中国区的CEO，还有环球小姐，瑜伽大师，美食家……，还有在上海土生土长的老外，还有在国外留学后回来打拼的人，很多有意思的人。她很乐意把自己的故事，把自己的心得体会和朋友们一起去分享。我们一起去做过很多有趣的事，富有挑战的事，能让我们成长的事——打拳，帆船，旅行，去参加电视节目等，非常好玩。徐林就像是这一群人里的中心，很多人都会因为她而联系起来，也会因为她而认识很多新的朋友，她有点像个社交女王。印象特别深的是，有一次在MBA BIBLES的Party上，徐林做主持，气场太强大了，非常酷。

徐林又是一个很能去体会朋友的烦恼、朋友的难处的一个人，她很乐于去帮助别人。曾经有一段时间，我有一些人生的迷茫，其间和徐林一起喝酒。她就把她的故事，她的一些想法和我分享。我心里挺感激她的，感觉她就像自己的姐妹一样。

最后我想说，她身上有许多品质是我特别钦佩的：

她从瑞士洛桑国际管理发展学院毕业，在世界级的公司做过高管，在纽约、上海和欧洲都生活过，有着非常全球化的眼光，很少局限于一些狭隘的观念，这一点特别好。所以我觉得年轻人确实应该多去世界各地走走，去体验、去学习，这些能让自己有很多不一样的观点，你会发现每一次观点上的更新，都能获得新的成长。

我觉得她学习东西特别快，很多事情她以前没有接触过，可是她只花了几天，就学会了，还玩得很溜。记得有一次和她一起去参加演出，在正式舞台上表演。她学拉丁舞特别快，跳得非常好看，极具性感。

最后，我觉得她对事业上的追求，超出了一般人。她创建了一个属于中国的新的健康营养品牌。关注人们的健康，特别是关注女性的健康，营养，帮助女性增强健康理念，改善身体状态，这些都是特别值得去做的事业。对于她的创业经历，我非常敬佩。

# 对话

## 中国女性成功必备的 7 种品格

**瑞士洛桑国际管理发展学院（IMD）校长 Dominique 与徐林**

**徐林**：作为 IMD（瑞士洛桑国际管理发展学院）的 EMBA 校友，中国女性是比较少的。我将在中国出版一本女性成长的书，希望能够启发年轻的中国女性，让更多的女性成长为优秀的国际领导者。

所以希望 Dominique 先生谈一谈，你对商业女性领导者的印象，以及觉得现代中国女性应该具有怎样的品质。

**Dominique**：首先谢谢，今天能跟你见面。你是一个成功的中国女性领导力引导者。我认为，要成为如你一般的企业领导者，或者做一个成功的女企业家，她需要有以下 7 种特性。

第一，需要有非常正面的态度，因为当你作为一个企业家，你要面对不同的挑战和克服困难的能力，所以你需要有更好的态度面对这些问题。

第二，作为一个好的企业家，并且是有长远发展的企业家，正直诚恳是很重要的，或许女性相比男性更需要正直诚恳。如果你没有正直诚恳的态度，是没法成为一个可持续发展的优秀企业家的。

第三，你要有勇气。在开始创业的时候，你会遇到很多竞争者，当你面对竞争者的时候，就需要有风险意识与竞争能力，所以你要拥有勇气去接受这些挑战。

第四，作为企业家，你需要有好的交流沟通能力，好的交流能力不单单是要有听别人说的能力，而且要有说服别人的能力。

第五，女性企业家需要有专注力，没有专注力，你的时间就可能分散在各个琐碎的事情上。我们处在一个复杂的环境里，要更加善于拨开云雾，见到事情本质，简单化解决方案。

第六，你需要有战略眼光，你要能够为你的事业规划蓝图，树立远大目标，做出重大的决策。同时你也能够深入到最细小的问题中去，因为在企业初创的时候，往往很多危险会藏在细小之处，因而企业家要有战略眼光，能够为企业保驾护航，同事避免微观管理。

第七，最后，也是非常重要的一点，就是能够不断认识优秀的人，不断学习和更新自我。我个人认为，能够不断吸引优秀人才加入你的团队，向比你优秀的人学习，这很重要。多年前我曾有幸与比尔·盖茨聊过天，他让我印象深刻的不是他的个人魅力，而是他经常向比他优秀的人学习的品质，这也是微软在初创时能够取得重大成功的重要原因。要知道，任何好的策略都需要优秀的人去执行。我认为，未来的商业是关于“人”的商业，掌握优秀人才是非常关键的。

我总结如下7点：第一，需要有正面的态度；第二是正直和诚实；第三是勇气；第四是有好的交流沟通能力；第五是专注力；第六是有策略眼光；第七是不断向优秀的人学习。

**徐林：** 我想正是7种品格让很多人愿意来IMD学习。其实，不论男性还是女性，这7种品格都是职场人应该拥有的。在职场中，女性面临着不同于男性的挑战，您认为女性在职场中所特有的、能够区别于男性的竞争力是什么呢，在这方面您对女性有什么建议？

**Dominique**：我认为有三点。

第一点是，女性在沟通中更善于倾听、更专注。

第二点是，女性更擅长掌握平衡之术，能够在生活和工作中取得平衡；因为通常女性需要照顾孩子。

第三点是，女性在面对一些重大决定，比如处理公司重大事件上，可以更有勇气，更大刀阔斧一些。

**徐林：**谢谢 Dominique。这是我们在 IMD 录制的一条音频，IMD 是我热爱的母校，Dominique 先生不仅是校长，更是激励我来到 IMD 学习的恩师。特别希望更多的女性可以像我一样，有机会享受在 IMD 学习的乐趣。再次感谢 Dominique 先生。

**Dominique**：谢谢 Grace。非常感谢。

# 目录

## 第二篇　会做人 /047



## 第三篇　会美丽 /091

# 第一篇
# 会做事

在职场上，自律让我成功。

人在职场，不可能有完全的自由。很多时候，我们在工作岗位上做的事情，来自职位的要求、工作的要求，这些似乎不是“自律”，而是“他律”。

但是，如果一个职场人只靠“他律”，可能就只是被动地“完成工作”；而通过自律，你才能更自主地工作，更愿意多付出，从而成为职场上真正会做事的人。也只有这样，才能比别人更快地升职加薪，更快地成长。

# 1. 升职加薪有捷径，初入职场多付出

今天，是我回北京前在纽约的最后一天。回国后，我将受邀参加职场节目《非你莫属》的拍摄。现在，我坐在华尔街对面看着新的世贸中心（World trade center），想和大家聊一聊关于职场工作、升职加薪方面的事情。

先讲一讲我的经历。我在中国、瑞士、美国等多个国家工作了二十多年，而且升职加薪速度确实很快。在28岁的时候，我就担任了丹麦生物科技科汉森公司中国区的总经理兼CEO。

我大学毕业后的第一份工作是在雀巢公司。工作之初，我的目标很简单，就是多赚些钱。那个时候每个月的工资只有两千多元，要拿出部分孝敬父母和给弟弟买东西，还要拿出一部分去健身、学习英语和计算机，总觉得捉襟见肘。所以，刚工作的时候，想的就是如果能够多挣一些工资，能够多买一些东西，多帮助我的家人就太好了。那时候，觉得最重要的就是钱。

# 学习 付出

幸好，我的注意力很快转移到了学习业务这件事情上，这也就是我想说的初入职场最重要的第一点：学习。

学习，特别是对工作岗位所要求我们具备的业务知识和技能的学习，对于职场新人非常重要。我在雀巢公司的第一份工作是销售，所以，我需要学习如何做一个优秀的促销员。我开始学习如何在商场里卖货，然后是如何管理促销员，如何管理渠道，学习基础的财务知识，怎么样和同事、经销商、老板去打交道……我的大部分精力都用在学习新事物上，也就没有时间去想缺钱这件事情。如果你学习很忙的话，也确实没有时间来花钱。所以在最初的两年，我的生活非常充实，也成为公司第一批获得提升的员工。

第二，就是多付出。很多人会在心里和其他人比较，比较自己的收入和付出是否成正比。可是我有一个很好的心得，那就是，多付出，最终肯定意味着多得到。这听上去很像“圣人”说的话，可是这句话确实是很受用的。因为我觉得不管是做什么事情一定要比别人多付出。别人工作八个小时，我就工作十个小时；别人上五天班，我周末都要去店里看看。同时我也给自己一个积极的暗示——多付出其实就是占到便宜了，因为，在多付出的同时，我学到了更多的东西。

我在纽约工作的时候，很佩服一位女性CEO，名叫Indra Nooyi，她是百事可乐的全球CEO，印度裔。在当时的美国，大公司管理层多数是白人（人们戏称Blue Boys Club，蓝眼白种男士俱乐部），CNN的记者采访她的成功之道，她说，其实也没什么，就是要多付出。她这句话说到了我的心坎里。我们周围有太多聪明的人，你付出多少，别人都知道。所以不管你在什么时候回想起来，你的多付出都使你比别人多前进一步。

第三，要敢于提出要求。我一直告诉自己，我付出得很多，我也应该得到好的待遇。在职场上，很多女性不敢向男性或是老板提出加薪升职的要求，就在于她没有足够的自信心。特别是刚进入职场的，以及35岁以后的女性，她们在职场的自信心都遇到过挑战，总认为应该多做一些事情，少提一些要求。但是，我认为在多做出事情的时候，一定也要有勇气向领导提出自己的要求。

我在雀巢公司工作的时候，曾负责山东地区的销售，成绩非常不错，但我一直认为自己应该到雀巢公司北京总部来工作。有一次在北京参加会议时，我看到我们北方区的区域经理，一个澳大利亚人，正独自坐在办公室里。我就鼓起勇气，走进他的办公室，告诉他，我认为我应该到北京来工作，我认为我可以做得更好，我可以把北京的渠道市场部门带入到一个不同的新高度。

我记得他当时的神情充满了惊讶，因为他从来没有见过一个中国的年轻女孩子敢于向他提出这样的要求。我同时也表达了我的优势：我的英文非常好，我擅长和别人打交道，而且我是一个有上进心、有计划性的人。果然，我回到青岛两个月后就收到了他调任我去北京工作的通知。

在职场这些年来，我并没有把高薪作为一个目标。但是只要你付出足够多，做得够好、够优秀，高薪和职位，这一切都会自然而然到来的！

人生就是在不断的自我要求下，才能不断地进步。坚持学习，当然，你离不开自律，离不开为了达到目标而心无旁骛。

初入职场，不斤斤计较，努力学习，努力做事，这些都需要克制外来的诱惑、需要自律。在努力工作的同时，还要努力为自己争取机会。多付出，而且敢于提出要求，都是非常重要的。

学习，是一件特别需要自律的事情。很多时候，我们想着“我应该学习”，但是，我们一边想，一边把时间用在逛街、聊天、玩游戏上；甚至我们一边玩着游戏、追着电视剧，一边暗下决心“明天要好好学习”。这就是不能自律的缘故，也是不可能成功的。

## 2. 选择职场方向，什么最重要

据2016年的一份关于大学毕业生就业的报告显示，这两年比较热门的行业包括：互联网开发、金融业、医疗保健、媒体，以及教育等。但我们需要清楚的是，现在的热门行业，未来不一定是热门行业。甚至今天的热门行业，还可能是几年之后的冷门。所以在择业方面，我不建议仅仅从当下的热门行业着手。

那是不是应该从自己最喜欢的行业入手呢？我个人认为这也不一定是最佳选择。因为，如果把自己喜欢的事情变成自己的职业，我觉得也是一件蛮可悲的事情，你会发现自己会慢慢不喜欢这件事了。我觉得把喜欢的事情作为一个爱好还是不错的。

那么你会问，择业的时候究竟从哪些角度来考虑呢？

首先，我认为，你所选择的工作，应该看是不是能给你足够的成长空间和让你积累丰富的经验。此外还有一点也特别重要，就是你是否会遇到一位好的老板，一位真正培养你、给你足够的空间、对你充分信任的领导。他不是只从他的角度或公司的利益来考虑问题。

针对这两点我有很多心得。我刚毕业的时候，同时有几家企业给我提供机会，最后我选择去雀巢公司，而且是从最基础的管理促销员的岗位做起。为什么我会选择这样一份薪资不是最高的，职位也不是最光鲜的工作呢？因为在整个“快消品”行业中，雀巢公司是一所十分有名的“培训学校”。后来进了公司，我管理的促销员很多年龄都比我大，都是妈妈级、大姐级的，所以在开始的三个月，我经常自己到店里去做促销，站在店里和消费者打交道，这使我清楚地知道了消费者的反馈，清楚怎样把一个商品卖出去，同时也学会了怎么样和店员搞好关系，怎么样做不同的统计工作，怎么和其他品牌形成互动……这些都给了我身体力行的经验，对后来管理更多的促销员，管理更大的团队，承担更重要的职位都起到了特别重要的作用。

之后，我负责山东省的销售和经销商。转换职位之后，我从和最小的经销商沟通开始，包括去街头的批发市场，站着或蹲在那里和来采购的批发商们打交道，这期间学到了很多，包括怎么样算返利；怎么样锱铢必较；怎么样达到双方的目的，又使彼此不那么为难；同时，也学会了怎么样婉转地说“不”，又不会得罪对方，顾全对方的面子。雀巢公司确实是给了我非常多的学习机会，不仅仅是实际的战场，同时也有很多系统性的培训。

其次，遇到一位好老板，非常重要。当时招我进雀巢公司的老板，现在和我已经是二十几年的朋友了，我和他的关系一直不错，直到现在他也是我的创业项目“VIVA营养”忠实的支持者和消费者。他的名字叫林柯，他给每一个新来的员工足够的信任，这一点非常重要。同时他又不是很纠结细节，他会给你一个大概的方向和目标，然后让每一个员工发挥自己的潜力。我们当时进雀巢公司的十几个人，最后所剩无几，我在两年内升职为销售的负责人，之后又调到北京负责更重要的工作。这些都跟自己前面几年在一个特别好的学习环境里，同时又有一个好的老板密切相关。

说到这里，我也要和大家讲，其实打工和创业很不一样。我从基层做起，打工 20 年，在世界 500 强公司里做过高管，创业也已经超过 3 年。我觉得，热爱一个行业，成为你的激情所在，这一点对创业特别重要。因为创业每天都特别艰难，不管你把艰难的程度想象得有多难，实际的情况都比你想象得还难十几倍。就像史蒂夫 · 乔布斯（Steve Jobs）讲的，如果创业者所从事的，不是真正热爱自己所做的事情，不是自己最热爱的激情所在，就很难坚持下去。关于我的创业心得，我会在后边的章节详述。

寻找好的学习环境和职场榜样，做最好的自己。

不管是初入职场，还是在职场工作了几年之后想换工作，我建议大家考虑的是，这份新的工作能不能给你更多学习的空间和职业发展的机会。同时，也要看一下你直接汇报的老板是不是能够给予你足够信任，给你较大的空间。如果他还能成为你的职场导师甚至人生导师，那真是你人生的一大幸事。

## 3. 职场上碰到瓶颈，是该跳槽还是有其他更好的办法

讨论这个问题，我们需要假设你在职场上确实是碰到了瓶颈。因为很多时候可能是你假想的瓶颈，有可能是公司或你的老板在观察你，也有可能是老板认为你现在工作的职能和内容还没有被发展到极致，这些情况都不能算是瓶颈。

所以，首先你要做一个初步的判断，自己在这个职位上是不是已经把自己最擅长和拿手的都施展出来了？遇到的是瓶颈期还是天花板（glass ceiling）？不管是水泥板还是玻璃板，如果遇到的是天花板，基本上都很难再往上发展。

基于这种情况，我给大家的第一个建议就是，向自己的上级提出要求。特别是，如果这个公司和行业是你热爱的，你更应该积极地向公司的上级和HR提出要求，明确自己还有更多的精力和实力去承担更大的职责，最低成本地改变自己的状况。女性在很多时候不擅长提出要求，只是默默地承受，这一点需要积极地去改变。

第二个建议是，和周围的朋友、可信任的同事分享一下

你的感受。因为每一个人都会碰到类似情况，所以通过分享，可以舒缓自己的情绪，对自己的身体和心理都是一个很好的恢复。也可以验证自己的感受是真实的，还是主观臆想的。

第三个建议是，这恰好是一个最好的时间段，可以自主地去学习一些新的东西。在方向上我的建议是学习与工作相关的知识，如果你在IT行业，就学习软件或硬件相关的新的技能；如果你是在大健康领域，就学习更多的营养知识……此外，还可以去学习一门新的语言，因为语言不仅可以开启你和不同文化人沟通的一个天地，更可以开启人的思维，可以让你用不同的方式方法看待问题，同时也对另一个国家的人文、地理和历史多一些认识。我前后学过德语、法语、西班牙语，这都是在自己的工作强度和挑战性不够的时候，每天早上花一个半小时来学习的。

第四个建议是，开始一项新的业余爱好。可以是一项运动，一门乐器，一个艺术表现方式，或是研究各国的菜肴和电影。我一直坚信一句人生信条——“任何事情都有它该来的时间点”（There is time for everything！）。所以，当你遇到瓶颈的时候，恰好给了你一个可能性来开发你在其他方面的才能，或者让你反思一下、沉静一下，为新的起点、新的迸发，重新调整好自己的身心和体能。

在我过去20年的职业生涯中，也遇到过非常多的瓶颈时期。在雀巢公司北京办事处的市场部做了两年多的时候，我觉得自己在职场遇到了瓶颈。因为当时和我相同职位的同事都是外籍人员，而且很多重要的职能部门都由国外来的外派高管掌握。我感到只有看到外面的世界，才能让自己有一个新的高度和视野重新步入职场。于是，我在1999年的时候选择去英国留学。

类似这样的决定，需要审时度势，对自己当时的情况做出合理的判断，同时知道自己想要的是什么。

我从IMD EMBA毕业后，在荷兰皇家帝斯曼公司负责大中国区工作。一段时间之后，我觉得该学习的都学习到了、该做的也都做了，自己没有更大的发挥余地了，也没有更大的学习空间了。我就多次向我的瑞士老板要求去美国工作。老板刚开始非常生气，认为我拿着外派高薪在中国做事，应该心满意足地做“土皇帝”，为啥不停地提出挑战？但经不起我持续地坚持和证明我已经做到了我应该做的业绩，他开始问我，作为一个中国女人到美国能做什么？我提出了两个方案，一个是和美国政府合作，提供营养解决方案；一个是服务于全球的大客户，发掘最大潜力。这样的对话持续了两年，2010年，我终于如愿以偿去了纽约，帝斯曼美国公司工作。

“任何事情都有它该来的时间点”。充分了解自己，做好充足的准备，所有适合你的机会都是会到来的。

当工作中遇到瓶颈的时候，首先要评估一下，是不是真的遇到了瓶颈；第二要在公司内部向老板和HR寻求新的机会；第三要和自己的朋友和同事分享，从他们身上学到不同的经验；第四要学习，学习和工作相关的知识和内容，也可以学习新的语言，发展多方面的爱好。所有这些学习，最终都会对你的职场有所帮助。

## 4. 为什么加班熬夜的都是我，我不想做“便利贴”女孩

如果加班熬夜是我的选择，我觉得这没什么，也没什么不好的。你觉着辛苦是因为你不够爱你做的事情。在我工作的这20年，全球500强企业的工作压力和竞争是非常激烈的，我的同龄人中有很多出色的人在500强中的外企工作，大家能力都很强。所以在这些公司里，能力强只是一个前提条件，你还需要付出很多，需要有很高的情商。所以我的选择是愿意加班、愿意熬夜。我比别人多付出，也多学到了很多。

在这里我们讨论另外一个方面，假如你不愿意加班和熬夜，或者你只是公司里一直在加班熬夜的少数几个人，怎么办？我给大家几个建议。

第一个建议是必须提高自己工作的效率。提高工作效率是有很多方法的。例如，把每天、每周、每个月要做的事情明确地写下来。我自认为自己有非常强的记忆力，但每天我还是会把要做的每件小事情都记下来。例如，今天早上，我

会把晚上要和美国方面电话会议的提醒记下来，虽然它每周都是固定的时间，但我还是会写下来。因为不管自己记忆力多好，只有写下来，才能明确哪些是紧急的，哪些是重要的。

又如，任何事情如果能够马上做就千万不要拖延。拖延是一种坏习惯，只要拖延一次，就会一直拖延下去，甚至会蔓延到很多事情上。所以就从小事做起，如果这件事情能够马上完成，就不要拖延。

还有，要学习提高自己的注意力。如果条件允许，可以练习冥想或瑜伽。冥想和瑜伽对提高人的注意力有很大的帮助，尤其是冥想。经常冥想的人，他的注意力和效率会得到提高。

最后，不断地充实自己。很多时候，效率不高是因为对工作所需的资源和知识了解得不够多，这就需要不断地充电和学习。

第二个建议是学会说“不”。关于如何说“不”，我们还会在后边的章节专门讨论。在职场上，我们会逐渐懂得，我们在有些情况下是需要学会说“不”的。说“不”，其实是需要很大的勇气和很好的技巧，做到又不伤害别人的感情，还让对方能够尊重你是一个非常有原则的人。

第三个建议，就是适当地向别人寻求帮助。因为很多时候自己做这件事情是事倍功半，但是在别人帮忙下就会事半功倍。所以不要不好意思。很多女性认为向男性寻求帮助就显得软弱，其实不然。适当地寻求帮助和适当地说“不”，其实都需要特别大的勇气，也会帮助我们提高工作效率。

自律不仅仅是一种态度，更需要很多方法。学会时间管理，按照科学的方法管理时间，能够极大地提高工作效率，可以让你少加班、少熬夜。而另一方面，拿出时间来做冥想，不管有多忙碌，早上和晚上都给自己十分钟，对提高效率和愉悦心情都有很大的帮助。

## 5. 没有名校光环，能否成为职场上的女神

“名校光环”是一个不是问题的问题。事实上，没有任何光环，你也可以成为职场上的男神或女神。我们知道爱因斯坦不是名校毕业的，比尔·盖茨不是名校毕业的，马云也不是名校毕业的……这些都没有妨碍他们成为世界上最著名的商业奇才、科技人才或者超级大脑。但为什么要把名校标签作为一个问题来说呢？这是因为“名校毕业生”确实能够给职场人带上一种光环。

一般来说，很多人认为，名校毕业生与非名校毕业生相比，有这么几个普遍的优势（注意这里说的只是一般观点，而不代表我对非名校毕业生有任何歧视）。

首先，名校毕业生通常自信度比常人要高很多。因为他们从小都是优秀生，在各种赞扬的光环和环境下成长起来，他的自信心比较强；第二，他的抗压能力非常强，因为在学习中，与同样甚至更加优秀的人竞争，他要生存下来，必须要有非常强的心理抗压能力；第三，他一直处在和他类似的

社交圈里，不论是校友会还是周围的朋友圈，都是一个名校圈，所以他可以享受这个圈子所带来的资源和优势。

这就给每一个没有名校资源的普通人提出一个挑战，如果我们和这些名校生来竞争，怎样才能扬长避短地利用自己的硬件和软件？

首先，自信心非常重要。不管你是否毕业于名校，每个人心里都有不自信的一面，而且，对名校毕业生的调研也验证了，名校毕业不能代表他的收入或职务得到提升的比例会更高，尤其是在职场刚开始的几年之内。树立自信心有很多的措施，你必须掌握与自己工作相关的专业知识；除了对自己周围的小环境和自我有清楚的认识，更需要的是，对周围的大环境有所了解；在言谈举止、穿着打扮，以及情绪控制方面，要能够做得成熟一些。在之后的章节我会讲一些具体的小技巧，例如作为一名女性，怎样在职业环境中穿着得体；在社交环境下如何谈吐优雅，既能引起别人注意，又不至于不合时宜。

其次，还要培养一些兴趣和爱好，不管是读书，还是对艺术及音乐的理解，或者是对社会知识的了解。

第三，要保持情绪稳定，这一方面在于自身的修炼，另一方面可以多做瑜伽和冥想，多和其他行业的人交流。

虽然，我们谈到名校毕业的人抗压能力特别强，其实压力对每一个人都是非常公平的，因为每个人每天在工作和生活中都面临不同的压力。那么怎么样提高自己的抗压能力，还是要从硬件和软件两方面同时来修行。

最后，我鼓励大家多参加一些进修班。例如，可能你虽然上不了哈佛大学，但是可以上哈佛大学在上海的中国管理学院，可以上一些名校的短期管理班或培训班，可以参加名校的MBA论坛等大型活动，了解他们平时关注的事情和他们的社交圈，而且还有可能成为他们的朋友，在社交方面拓展一些高价值的资源。

我在中国、欧洲和美国的多家名校读过书，包括哈佛、纽约商学院、哥伦比亚商学院、法国欧洲工商管理学院（Insead），伦敦商学院和瑞士洛桑国际管理学院（IMD）。我也一直注意不断地学习新的知识。我感觉，所有这些名校的标签，带给自己的只是一种假想的光环。因为当别人见到你之前，他如果知道你的名校背景，就会想象你是一个能力很强，智商超高的人。其实每个人每天都在困惑和犹豫很多事情，都有一定的不确定性，并且每个人在人生的不同阶段面临的挑战也不一样。所以，不论有没有名校光环，我们一定要确确实实地不断提高自己，而且要比别人付出更多，同时不断地去修炼。这些都会使自己在自信心方面有所提高。

我在职场上得到的帮助，很多都来自于我在雀巢公司、在丹麦科汉森、在帝斯曼的朋友，以及上下游的供应商和客户。他们并不都是从名校毕业，但他们对我的信任和对我职业上的帮助是非常大的。后来，我上了瑞士商学院的EMBA，结识了欧洲很多大企业的高管，他们来自欧洲不同的国家，他们更多的是从眼界、社交圈、对事物的宏观认识、长期目标，以及人生意义等这些方面给我很多帮助。所以，在不同的阶段，不同阶层对我们的帮助是不一样的。

在职场初期，我们要扎扎实实地把职场基本功打好，真诚地对待周围的每一个人，在自己的圈子里发挥自己最大的作用和社交能力。我从来不低估名校和名校社交圈对职场上的帮助。但是如果不具备，它也不是一个致命伤。当然，我们也要做好心理准备，就是我们要比名校毕业生付出得更多。

不管你是不是名校毕业，在知识上、在对社会的理解上、在宏观的认知上都要更好地提高自己，让自己成为一个更加自信、更加优秀的人。而如果你没有名校光环，你的自信心，就是让你可以和名校光环媲美的利器。

## 6. 职场中的男女平等真的存在吗

据2016年的一项国际性的调查数据，有88.4%的职场人群认为女性是可以胜任职场高管的，同时还有75.2%的人认为，女性的领导力相比男性，更具有情感丰富的特征。女性的情感丰富可以被理解为是优点，但也可以是缺点。

很难讲职场中男女是平等的，每个国家的状况也不一样。在瑞士，从幼儿园的时间设置（一般都只开半天）开始，就不鼓励女性母亲全职工作，政策希望女性可以半天去工作，半天来照顾孩子。我个人认为，在职场中，完全的男女平等是不存在的。但是，是不是可以在这样的大环境下，既把女性的优势发挥出来，又能够弱化女性不擅长的事情？

女性在职场上有哪些优势？很多人都认为女性应该做一些诸如人事、财务、或行政等，我却认为，往往是在女性特别少的业务部门，可以更好地把女性的优势发挥出来。我曾在一家欧洲的百年企业，做中国区业务的负责人和北美业务的负责人，还曾在市场部负责全球的一些并购项目和战略性项目。在这些业务部门里面，大部分都是以男性为主，一个女性如果在这样的环境能做出成绩来，并很好地规避一些女性的弱点，则更容易有所建树。同样，在工程行业，女性也比较少。纽约的ARUP是一家全球非常出色的工程公司，它的合伙人Fiona是剑桥大学毕业的伦敦人，她现在已经成为他们的董事会成员。在男性居多、女性非传统的行业，女性如果确确实实具备竞争优势，并可以规避女性在职场上容易犯的一些小的错误，以女性的优点来覆盖弱势，那么女性往往能够做得更出色一些。

那么，女性的优势到底是什么？我认为女性特别擅长团队合作，女性往往更会考虑对方的困难和着眼点，有很强的同理心，是很好的团队合作者；另外，女性的语言能力比男性要强，同时又有很强的社交属性，人际沟通能力要强一些。

女性有哪些弱势？

第一，相比较男性而言，很多女性缺乏自信，通常女性即使能做到100%，只会表现出60%；而很多男性则相反，只能做到60%，往往会说到100%。我们会在之后的章节里谈到自信。

第二，女性往往不敢对自己的老板和公司提出要求，对自己职场上的发展没有规划，或者是有了规划，也不敢和上司提出来。

第三，相比男性而言，女性在专业知识的深度方面、广度方面，在对相关的宏观环境的认识、在视野方面常常不及男性。应该向周围优秀的男性同事或朋友来学习。

如果我们能够把女性的这些弱势以自己的优势来弥补，

那么即便你是一个弱小的女子，也可以在周围的同事中表现得很强大。

女性朋友们还要把自己表现得女人味十足一些，打扮得更加妖娆一些，漂亮一些，有魅力一些。女性以柔克刚的能力，女性的韧性，在生活中和职场中都能使女性更好地抵抗压力和克服障碍。如果你在男性中能够不断展现自己这种柔软的韧性，慢慢就会发现，你一定会吸引一批非常强壮、非常强悍而又非常自信的男人，他们会团结在你的周围，不仅仅是为你的能力折服，更多的也是为你所展现的女性魅力所折服。

女性在职场上，要善于发现和强化自己的优势，也要认清和弱化自己的弱势。

实际上，在职场的男女平等方面，中国比很多国家、包括欧洲和北美国家都好得多。作为中国女性，我们很幸运，中国女性拥有能够撑起半边天的大环境。我们应该在男性居多的业务部门、工程行业等领域更好地发挥自己的优势；要积极地避免不够自信、不敢提出要求、知识面窄、视野不够开阔等方面的相对弱项，不断提升自己的自强自立精神，克服自己的心理障碍。把自身的优势充分地发挥出来，获得我们想要的人生！

# 7. 让败坏美丽的压力，滚蛋吧

每个人都有很多来自各个方面的压力。在职场中，女性面临的压力不亚于男性，甚至还要更大一些，压力人群的年龄主要是在20–40岁之间。

反思一下，我有好几个阶段觉得压力特别大。刚开始工作的时候，在外企，要经常做一些大型活动的演讲和主持，有很大的面对公众演讲方面的压力。后来，刚刚从上海调到纽约去的时候，对周围的环境和社交方式不适应，对美国的工作伙伴的文化和行为方式也不完全适应，有特别大的适应恐怖症，觉得压力很大。再后来，回国创业的时候，离开自己工作了二十多年的外企，第一次创业，压力也很大。还有，在刚刚离婚的时候，来自家人和周围社交圈的压力也非常大。

那么怎样来克服种种压力呢？我认为首先要承认压力是确确实实存在的。因为很多人有压力，但是他们却不知道压力究竟来自哪里，所以就很难克服。我建议，把压力具体化，越具体越好，把压力一条条写下来。

其次，要认识到，压力有正面的效果，它可以更好地鼓励一个人不断地学习，不断地提高；更要认识到，压力也有很负面的作用，很多人的健康问题和慢性疾病，包括一些心血管的疾病，都是由于压力引起的。压力引起疾病，这已经是一个不争的事实。压力的负面效应显现，也就代表着压力的程度已经超过一个人能够承受的幅度。

在压力非常大的时候，有哪些具体的解压办法呢？作为女性来讲，我认为一个特别好的方法是寻求帮助。可以向自己的朋友，自己周围有阅历、有丰富经验的导师，寻求帮助。另外，就是不要特别把自己当回事。因为，很多时候压力就在于把自己的感受，自己的存在，和自我看得太重。如果不把自我当回事，压力就会减小。

在压力比较大的时候，要给自己一些奖励。我最喜欢做的事情是吃冰淇淋，还有和朋友喝酒等。对于我这样一个非常注重营养健康的人，这些事情都不应该经常做，但是我认为人生就是经常要给自己一些小的奖励，做自己喜欢的事情，这样可以很好地克服压力。

很多时候，短期的逃避也是一个非常好的减压方法，看看电影和追剧是一种短期逃避的方式，同时又可以看到不同的人生；休假也是非常好的减轻压力的事情。

这里也给大家分享一下，我人生中一个压力很大的阶段是怎么度过的。那是我刚刚离婚的时候，回到上海，父母、周围的同事和朋友都让我感到很大的压力。我当时就采用了几种不同的方式减压：一是去跑步。跑步是一个很好的缓解压力的方式，我开始训练跑马拉松，曾跑出过纽约马拉松三个半小时的成绩。那段时间，我还看了很多方面书籍，同时学习法语。每个早晨，都不断地以学习来充实自己。我也努力学会自嘲。当有人说“我现在终于理解你了，你现在为什么会在国外，因为国外的人不会介意你离婚啦，你太强势……”我就会和他们讲，“是啊，我在国外很吃得开，在国内就不大吃得开，通常男人见到我这样离过婚的女人都不感兴趣……”有一点自嘲的精神，不要太把自己当回事。

另外，我也会和我周围的朋友谈论这些压力，听他们讲一讲生活中让他们感到比较有压力的事情。

我感觉，每讲一次，压力就释放一些，还能够更好地关注周围的朋友。朋友聚会的时候，我经常让大家把当天最糗的一件事情分享一下，让其他人都乐一乐。这样我们就知道，原来大家都在一条战线上。同时，我也会鼓励我的朋友分享当天特别让自己感恩、特别兴奋、特别记忆深刻的一件事情。

要想减小压力，首先要承认压力的存在。

压力是实实在在地存在于我们周围的一个特别正常的现象，只要它能处在一个可控的范围内就不可怕。要学会寻求帮助，不要太把自己当回事，同时要做一些自己喜欢的事情。用短期的逃避来减压，也是可以接受的。

只要你的周围还有朋友愿意与你来分享，不管是冰淇淋、红酒，还是一场电影、一次出行，那么人生就是美好和幸运的。

让压力君滚蛋吧！

# 8. 如果你不想被潜规则，这些职场规则你一定要记住

这里我们说的“潜规则”这个词，并不完全是负面的。它是指那些虽然没有写在、或者不可能写在公司手册和行为规范里，但是大家却在默默遵守的职场规则。

不管你是初入职场，还是已经升职到管理岗位，甚至做到企业高层；也不管你是在中国还是国外，职场潜规则一直就是存在的。而且有研究报告显示，对潜规则的接受程度是和收入及受教育程度成正比的。你的收入越高，你对潜规则的容忍性可能也越大一些。为什么会这样呢？因为受过高等教育的人群和高收入人群，他们经历过的事情会相对多些，对潜规则的看法也就更中立一些，也更能够接受这个世界是存在潜规则的。

这里想和大家谈谈初入职场的一些潜规则。

首先，关于“会说话”。很多人会认为，只要能力强会做事情，不需要“阿谀奉承”，在职场上也能有所突破。但

是，不管是大老板还是小老板，不管是500强的大企业还是小地方小企业，老板们都喜欢既会做事、又会做人的人，所以会说话、嘴巴甜的人，一直是更受欢迎的。

第二，关于和老板的关系。很多老板都会说，“我们可以成为很好的朋友，可以知无不言，言无不尽。”也许员工确实可以和老板喝喝酒，吃吃饭。但真实的情况是，老板很难与自己的员工成为朋友。所以作为员工，要特别清醒，千万要谨慎，不要在酒后不记得自己说的话。

第三，如果你的老板或同事对你有了一些固有的成见（是指一些负面的成见），那么你是很难靠自己的行为或能力去改变的。如果你不愿意接受这些看法，那么你就要做出选择。

最后一点就是，在大公司里，普遍存在各自的潜规则，如果你不愿意被潜规则，或者无法接受这些公司的潜规则，那么很有可能你就不适合这样的公司。在一个大公司里，特别是层级比较复杂的环境里，一个员工需要尊重公司的潜规则。

创业的环境也是一样的。谁都希望自己跟老板的关系更好一些，那么老板更喜欢什么样的人？至少也是工作积极、精神饱满的人。所以，精神面貌很重要。 另外，外在形象也很重要。有位心理学家曾说过，比较高、比较瘦的人，更容易升职加薪，更容易获得事业的成功，因为大家都认为这样的人付出得更多一些，更自信一些。另外，不管是在大公司还是小公司，都可能会有性骚扰现象。初入职场的女性，一定要知道有哪些小窍门来避免性骚扰。

我刚去美国工作的时候，我所在的公司是一个有百年历史的、且非常保守的欧洲公司，位于新泽西。公司里所有的人几乎都认为，一个中国女人能够闯荡到美国，住在纽约，那她一定是一个市侩的、金钱至上的、拼命往上爬的人。这些整体的看法是充满偏见、非常负面的。那么，我就要知道对这些偏见（这也是一种潜规则）该怎样应对，或者是怎样顺势而为，而不是费很大的力气去改变别人。在这方面，我自己也花了比较多的时间来适应和调整。

应对大企业的潜规则，我总结了几个小窍门。首先，在公司里找一个职场导师。我们公司有一个在销售市场部做了40年的总监Joe，他在公司时间最长，最了解公司的文化，熟知客户之间复杂的背景。我就拜他为师，每周都会和他沟通一下工作中的状况，以及碰到的情况。我们去做团队建设，公司的大佬们经常拿我开玩笑，但我又不知道他们真实的想法是什么，我就会去找Joe来吐吐苦水。当时，还有另外一个中国女士在美国公司做高管，叫湘伟，我也经常和她聊一聊，请教是不是有更好的方法来和美国的同事或客户打交道。通过这些人，可以更好地了解在不同的环境下，到底有哪些潜规则，这不管是对自己的生活还是工作都有非常大的帮助。

潜规则和流言蜚语是不一样的，我们需要真正了解公司的文化和环境背景资料，而不去评价是非。

严于律己，宽以待人。也同样适合于我们对于企业的态度。

初入职场的新人，要用最短的时间去发现，所处环境的真正的潜规则在哪里，并找到可以帮助自己的人，顺势而为。当意识到自己不愿意遵守一家企业的潜规则时，那么就要做出决定换一个不同的环境。但是，你也要意识到，在不同的环境里，还会有不同的潜规则。

# 9. 如何做一场让老板和用户印象深刻的演讲

演讲的能力太重要了！我一直受惠于此。不管是创业融资还是在大公司里面打工，一个好的演讲报告，往往比你辛苦工作一年还要重要得多。那么怎么样做好演讲，我相信有很多各式各样的培训课程都能给你很多帮助，我主要想从我的人生经历出发，给大家讲讲我做得比较成功的几次演讲，也许大家从中可以学到一些方法和技巧。

初入职场不久，我负责经销商管理工作，在雀巢公司要组织一次经销商新产品上市会。对这种几百人的大型会议，我当时完全没有经验。但是我非常勤奋，对准备工作反复模拟，把现场所有主持的语句反反复复地练习。每天早上都在镜子前练习很多遍，直到把所有的串词和流程，熟记于心。演讲的逻辑和思路清晰，是非常重要的。此外，在现场要能够灵活地发挥，控制现场的互动。现场的情况有的时候是不可控的，例如，老板们或者听众们会提问，打断你的正常思路。所以一定要灵活地、有弹性地掌握现场的反应，而且，要把注意力100%集中在你对面听你讲话的人身上。我在组织这个活动的时候，还利用一些小笑话，把欢快的气氛调动起来。

第二个比较成功的实际案例，是我在回国创业的时候做众筹，因为我希望把国内有影响力的朋友都团结在我们的企业里。我就邀请了我周围一百位有影响力的朋友，和大家讲我们生意的模式、企业的意义，以及他们投资回报率的状况。在这次演讲中，我觉得做得比较成功的就是，对于每一个人，我都会直呼他们的名字，提到他们对我们这个事业、对我本人这些年健康事业的影响，讲到过去一起度过的快乐时光。这使得大家产生非常大的共鸣。然后，我尽可能简单地讲解了我们的投融资计划。有很多人都习惯性地把简单的事情搞复杂，但大智慧是要擅长把复杂的事情简单化。

总之，不管是在公司里、在创业中，还是在生活中，演讲的能力都非常重要，它可以改变别人对你的看法，可以使你在人群中脱颖而出。演讲时思路要清晰，逻辑性要非常强，要把复杂的事情用最简单的话讲清楚。

演讲的时候，你的注意点要在你对面的听众身上，这是克服紧张的一个方法。就是想象你不是一对一百，一对很多人，而只是对另外一个人在讲话。但你千万不能只盯着一个人，你的目光应该是从一个人移向另外一个人，使每个人都感受到你在对他说话。同时，要能很好地进行现场互动，不管是现场临时的变化或提问，知道对方的名字和背景很重要。必要的时候提到对方的名字，以及和对方有共鸣的地方，这样可以让对方有参与感。

另外，在演讲中要注意一些小技巧。例如，要准备演讲稿，穿着打扮要和当时的环境非常配合，同时要控制好你的时间，恰当地运用肢体语言。过多的肢体动作，会导致大家注意力的分散。

美国民权黑人领袖马丁·路德·金（Martin Luther King）在1963年的林肯纪念堂前的演讲非常成功。他很擅长借助林肯纪念堂的场景，把林肯一百多年前签署的解放宣言拿来和大家分享，同时指出经历一百多年，整个社会面临的挑战。这虽然是一个政治家的演讲，但他善于调动大家的积极性，演讲内容简单而充实，感情又非常热烈，使所有的听众都产生了极大的共鸣，这就是演讲真正的魅力。

演讲的才能不是与生俱来的，演讲能力的提升，同样遵循一万小时的法则。

初入职场的朋友，在演讲时会比较紧张，没有经验。但是，只要掌握我提到的这些小窍门，不厌其烦地反复练习，你的辛苦一定是有所回报的。任何成功都需要付出和坚持。练习练习再练习，练习一万个小时，演讲会成为你人生最擅长的事情。

希望大家先从小的机会练起，从周围小团队的演讲开始，从给你的家人和朋友讲起，然后慢慢到给你的客户，你的经销商，你的老板讲，直到有能力参加一些社会公众的大型演讲活动。

## 10. 求职还是创业？不妨从职场小白就开始考虑

有调查显示，当下应届毕业生初入职场，最重要考虑的因素：第一是公司发展前景，第二是自己能否更好地施展才华，薪资和福利反倒是放在后边。这是一个很好的趋势，表明大家把长远发展，以及自己的优势特长能否在这个公司发挥出来看得更加重要。

我大学毕业后，在雀巢公司是从促销员、管理促销员、销售、销售主管做起来的。在我刚进入职场，只拿非常少的工资的时候，从来没有想过创业，只希望能在500强的公司做到高管。原因在于，在500强的公司里，有特别完善的培训系统和提升的机会，可以学到特别多专业的知识，同时能够根据自己的能力，把自己的情商、智商和德商一步步地发展起来。同时，国际大公司能够提供去国外工作的机会。所以，在职场的前期，能够进一家大公司工作，同时学习知识和获取经验，是一个非常好的职场发展途径。

但是，你也要考虑自己所擅长的是什么，你的个人兴趣点在哪里。我们讲过大公司都有潜规则，个人要适应大公司发展历程中形成的文化，所以，不是所有的人都适合在大公司工作，更不是所有的人都适合去创业。

在职业生涯前期，可以先去大公司里面工作，从中学到很多的知识，也可以积累资源和资金。在你明确自己擅长做什么和喜爱做什么的时候，再考虑是否选择创业。去创业公司工作，也是一个特别好的出路。刚毕业的朋友，想接受更大挑战的朋友，也可以考虑去创业公司工作。在创业公司里，一个人要做很多人的事情，同时，应对压力的能力要非常强。创业公司有非常高的风险性，它也考验你本身是不是够灵活，是不是能够接受创业公司的挑战。这对未来自己创业或接受更大的责任，有很好的借鉴作用。

在大公司里工作，有一定的优势，但也有一定的劣势。在大公司里发展肯定是有瓶颈期的。如果你不能有个人职能或技能方面的突破，特别是在你步入四十岁的时候，不管是体力、脑力还是对新事物的接受程度都不如年轻人，那么在这种时候，都很容易被取代。

做一家大公司里面的小头头，还是小公司里面的大老板？也是需要思考的问题。我开始的时候，是希望在大公司里面做大老板，但是我也意识到在雀巢公司这样的大公司里面，你能发挥的余地和公司给你的机会都不是很多。所以后来我选择去丹麦科汉森这家百年的企业。当时它在中国还默默无闻。相对于雀巢公司，我等于选择去一家小的外企做一个大老板。

在职业生涯前期，通过在大公司学习专业知识，获取一定的资源或者是积累资金作为第一步，是不错的选择。但是在大公司里，也有很多人真的就是很多年只做一件事情，而且是反复在做这一件事情，这也是大公司对个人成长的弊端。

我在大公司工作二十多年之后选择了创业。因为，我认为，人生有不同的阶段和体验。当你认为自己已经具备了创业的素质、积累了丰富的资源，知道自己的需求和渴望，同时，又能将创业和自己的背景结合起来，那么，这时候创业就是一个非常好的选择。

不论是刚刚开始工作或工作上遇到瓶颈，我们都要经常对自己做出客观的评价，了解自己到底擅长做什么，喜爱做什么。同时，在公司中找机会尝试不同的岗位，多学习不同的知识。尽可能广泛地接触人，能够获得和积攒对你将来不管是社交、职场发展或者是创业都很有用的资源。

我在过去二十多年的职场中，认识了很多上游的供应商、下游的经销商，以及客户。在我创业的初期，他们就都成为了我邀请来的定向型的股东。这些众筹的股东不仅仅实现了产业资源的整合，提供了一定的资金，同时，他们还成为我们公司的天使用户。而他们又影响到自己周边一些很重要的人。

抵御诱惑，了解自我，是自律的重要法则。

创业公司对自身的要求，不管是情绪、抗压能力，要求都更高一些，所以我不建议大家在一毕业的时候就自己创业。如果你对创业有很大的激情，可以到创业公司里去学习创业需要具备的才能和知识。

在大公司打工然后再创业是可行的，但它不是一定之规，每一个人都是不一样的。希望大家都能找到自己挚爱的事业，就像现在，VIVA营养就是我的事业，我希望自己穷尽一生为之奋斗。

# 11. 大公司是一所好学校，从“粉领”做起吧

大公司是一所好学校，它的运作规范、硬件设施完备，管理体系完善，一切都是非常专业和现成的。很多时候你会觉得在大公司里，有太多的规章制度和程序，每天都要开很多的会，有非常多的章程，非常多的报告。周一早晨一进办公室，就会收到二三十个不同的报告，很多都是没有意义的。公司里面的流程都是以规范流程、不犯错误为主导的，这一点如果从学习的角度来讲是非常好的。

大公司里有比较完善的薪资待遇和福利体系，你不用担心它随时会倒闭，不用担心应该交的社保和保险没交。但也代表着很多时候大家都按部就班，你很难脱颖而出。

大公司特别强调团队精神，有各式各样的工作组、项目组、会议，使得大家不得不（或者一定要）在一个团队中来工作，所以，团队的精神比一切都重要。很多时候，你的情商，你处理关系的能力，比你的业务能力还要重要。

大企业，尤其是世界500强企业用人的标准比较高，这就使你也得到一些认可，知道你的基础还是不错的。另外，在大公司里，你还是能够比较好地平衡工作和生活。虽然加

班加点、出差是常事，但是坦白地讲，在大公司里工作，假如你在休假的时候，即使偶尔也需要处理的紧急公务、E-mail，但时间重心还是可以放在你的家庭、你的休假上面；不像在创业公司中，根本不存在平衡这件事情。另外，如果在大的国际公司里做得不错，你还有机会去国外学习和工作，可以和世界各地的人才交流。

在大公司里打工是一个特别好的出路。我很欣赏的一位女性是谢丽尔·桑德伯格（Sheryl Sandberg），她曾经在谷歌工作，现任脸书（Facebook）的COO。在她决定是否加入谷歌的时候，谷歌的CEO对她说："你不要考虑进来做什么。如果我请你一起搭乘火箭，你还问什么座位号，你就赶紧进来吧。"所以桑德伯格就加入了谷歌。后来，她又加入了脸书。

工作能力、情商、德商，是需要用一生来修炼的。

在一家优秀的大企业，即使你只是在其中做一个小兵，如果你很优秀，企业就会给你创造无数的机会。

所以，在大公司里要想做好，能力是基础，情商和德商更重要。大公司容易培养一个人的全局观。初入职场先去大公司，不失为一个好的选择。

## 12. 创业真的考验人性底线吗

创业为什么那么有吸引力？

根据一份《创业者白皮书》的统计，中国女性创业者的比例是非常高的，而且80后、90后的比例就更高一些。创业的女性更加自信、更加乐观、也更有成就感，获得的社会支持度和朋友的数量也会比非创业者要高。在中国，我们见过很多女性创业者特别励志的故事，我比较欣赏蜜芽宝贝的创业者刘楠，她是个妈妈，她做的蜜芽现在已经是D轮融资，估值在十几亿元以上；我也很欣赏哈佛校友，小红书的创始人，现在已经是超过十亿美元的B轮融资；还有很多，就不一一列举。总之，作为中国现代的女性，我们非常幸运，赶上了一个创业的红利期！即便如此。创业的成功率依然是非常低的，而且也不乏创业中碰到的种种压力，创业者出现心理健康问题，甚至创业者的自杀率都挺高的，创业确实不是那么容易的。

与在大公司打工相比，创业有更多的挑战和困难，例如，创业者永远要担心公司的生存问题，即便是今天不缺钱，今天的生意发展得很好，也要想明年公司是否也能发展得好，明年是否还能生存，十年之后是否还能生存。这是创业的艰难之处。一些数据显示，平均90%的创业公司会在两年内失败。所以，即便是政府、民间，以及资本那么鼓励创业，也只有少数的创业公司能够生存下来，非常少数的公司能够维持三年以上。而能够真正上市或通过战略性合并成为一家大企业的，寥寥无几。

创业环境是非常艰难的，创业公司也不存在所谓的平衡之处。如果你想学到系统的管理，也不容易。因为创业公司随时随地都有很多突发事件，需要一个人自带鸡血，而不是别人给你打鸡血。

经历过二十多年的职场和三年的创业之后，我认为女性创业者应该注意以下几点。

第一，在创业过程中，你的优缺点都被无限放大。大家可能会说，在大公司打工也不容易啊，优缺点也能被看到。对的，但它没有被发挥到淋漓尽致的地步。因为在创业中，当压力极大的时候，人往往会暴露本性。我比较擅长与人沟通，但是在创业中，我参加了很多节目，公开演讲，经常面对几百上千或百万级频道中国外国的观众，不管是音频、视频、电视、写作、微课堂、还是社群，全都在做。这放大了我的优点，但它同时也放大了我的个人主义，使得人有一点迷失，很容易不知道自己到底姓什么了。所以，我随时都提醒自己自省。我的缺点是比较固执，坚持己见，很难接受别人给我的建议，这在创业中就会遇到特别多的挑战。所以，在这个过程中，我和我不同的合伙人、投资人都发生过非常剧烈的冲突。这也是缺点被现实放大导致的。所以，大家要意识到由于创业和压力，使人的优缺点被无限放大所带来的后果。

第二，创业中不存在工作和生活的平衡，不要去想休假。我在创业的这三年内没有任何的休假，没有时间上的奢侈来兼顾自己的爱好。我的创业投资特别大，我周围的亲戚、朋友、机构投资人都有投入。所以，我承诺在公司没有盈利之前不给自己开工资。每天的花销就是咖啡和屈指可数的必需品，以及吃自己品牌的营养品。创业以来，我没有买过任何的衣物，把生活成本控制到最低。所以，在创业过程中，不要把平衡、休闲和生活质量放在很重要的位置，对奢侈品的向往，想都不要想。

第三，创业就是在一个巨大的未来和一个窘迫的现实之间来回地挣扎。公司可以非常值钱——几亿美元的估值，但是个人，有时候甚至需要别人来帮你付费购买日常的生活用品。在美国我常常和朋友开玩笑说："我的公司值几亿美元，但我需要向你借100美元，因为我要去买本周的日用品”。这需要非常强大的心理弹性和转化能力。

另外，要永远有一个很好的心态，每天发生问题就解决问题，任何问题都不是大问题。我一直认为“心有多大，事情就有多小！”如果大家把遇到的问题都看得比较严重，那么每天都会发生很多的问题。一定要本着乐观的态度，非常挚爱你所做的事情，而且要非常执着地坚持下去。包括乔布斯也是这样，如果他不是非常挚爱他的事业，不是持续不断地坚持，那他的工作一天都坚持不下去，因为在创业中遇到的困难和挑战确实太大了。

创业是一个艰辛的过程。创业者要本着极度乐观的态度，挚爱我们所做的事业，永不言败！在创业的过程中，你的优点和缺点都会被放大，所以你要随时自省；要牺牲休假时间、暂时顾不上生活的平衡。对发生的任何问题，保持乐观和执着。

对于创业者来说，没有过不去的坎儿，只有过不完的坎儿！所以，只有不惧“过坎儿”、享受“过坎儿”的人，才适合创业。

# 第二篇
# 会做人

做自律的人，做更受欢迎的人。

作为一个现代女性，如何平衡家庭与事业，提升自己的影响力，让家庭成为自己的坚强后盾，让自己有更多的朋友和事业上的伙伴。

这确实是一场修炼。

# 家庭

## 1. 让家庭成为你的坚强后盾，而不是失火的后院

这一节，我们来探讨一个话题，怎样让家庭成为你的坚强后盾，而不是失火的后院。我们在这里谈到的家人的关系，在结婚之前主要是指和父母的关系；结婚之后呢，则是和自己的老公、孩子的关系。

中国的女性解放了。女性现在可以工作、可以赚钱，可以做高管，可以社交，有一定的自由度。同时，中国女性也很辛苦，我们要照顾家人、不只是孩子，还有父母，甚至很多男人结婚成为老公之后，就变成了一个大一点的孩子，也要女性照顾。

我在很长一段时间里，跟自己的父母是有一定的冲突的。因为我的父亲有酗酒、赌博这些不良习惯，在我小的时候，对我还有一些体罚，所以我跟他的关系一直不够好，纠结了很多年。而我的妈妈呢，虽然貌美如花，但是在非常恶劣的环境下生活得很辛苦，所以她一生中都觉得自己嫁错郎，不幸福。她就不自觉地把很多对人生的不如意转嫁到了

孩子身上。尤其是青少年时期，我这个大女儿又很倔强，母女之间就有了很多矛盾。

我在工作之后，曾接受过心理导师的辅导，得到一些过来人的指导和很多人生导师在这方面的熏陶和影响，自己也不断地探索。后来我终于明白了一点，就是对待父母，给予他们所有他们想要的，不要寻求回报，这样你会变得比较幸福。后来，对于父母对我在各方面提出的要求，包括金钱上的要求，我都尽力满足，不求他们给我任何回报。我变成了一个快乐的人。

你给予的越多，你得到的越多。给予的初心呢，就是不去寻求回报。

如果你有能力，你要说服你的家人，不管是你的父母，或者是你的先生，让他们来认同你所要做的事情，同时能够使得他们成为你的拉拉队中的一分子。那将是再好不过了。

在我放弃了做了二十多年的高管职位和丰厚的待遇，决定回国创业的时候，一开始我的妈妈非常反对，觉得这简直是疯了。把这么好的工作丢掉，放弃一切去投资，风险这么大！但是通过我和妈妈沟通，谈我的人生梦想，我想对中国健康事业贡献一生、穷尽一生的愿望，我的妈妈也被我感化了。最后，她甚至把自己唯一的一套房子卖掉，成为了我的创业公司的一个股东。

不可回避的是，很多时候，家庭会与女性的事业相矛盾。一份全球关于女性家庭观念的调查显示，在世界范围内，中国女性普遍认为事业和家庭是同等重要的，她们大多数人希望能够在职业上有所发展，比西方的女性更有野心。但对于男性的调查却显示更多的中国男性希望女性三十岁之后把生活重心放在家庭上。中国男性对女性回归家庭的期望值较高，但是中国女性的事业心却更大，所以，中国女性是最纠结的。又想顾全事业，又想顾及家庭，感觉工作生活平衡是非常困难的。

我觉得在这方面我们不妨向西方国家学习。西方女性的自我认识通常都比较明确。在瑞士，我的很多的朋友在生完孩子之后选择80%的时间工作，或者是一半时间工作，或者干脆辞职在家相夫教子，她不会为此纠结；也有一些女性决定在职场上奉献更多，她牺牲了自己的和家庭的时间，甚至选择不生孩子，放弃家庭，她也觉得这是比较公平的。

我认为，如果想让家庭成为你坚实的后盾，首先自己不要纠结，要想清楚你在什么年龄段，什么状态下，你要的是什么。不论你想要的是事业，或者想要的是家庭，想要的是爱情，想要的是孩子，都要全身心投入；如果想让生活和工作有所平衡，就千万不要像我这样出来创业。对待家人，尽力付出不求回报和付出。

我们还要修炼自己，具有足够强大的影响能力和说服能力，能够使得家人认可你做的事情，最理想的是，他和你在同一条船上，支持你来做这件事情。

一个现代的中国女性，如何做到在貌美如花的前提下又工作，又照顾孩子、老公和父母，同时还要有自己的社交，爱好……

如何平衡家庭与事业，提升自己的影响力，让家庭成为自己的坚强后盾。

这确实是一场修炼。

## 2. 迅速与陌生人成为朋友的法宝

下面，我与大家聊聊怎么在社交场合与陌生人快速打开话匣子，愉快交流的几个小秘诀。我把社交场合上的人分为两种，一种是与陌生人社交有一定恐惧症的人，还有一种则是乐于与陌生人交往的人。

有陌生人社交恐惧症的人有很多，在女性中常见。她们有一个共同的特征：就是跟陌生人社交不是她们喜欢做的事情。在社交的场合里，她们往往更喜欢跟自己熟悉的人打交道，而不愿意主动或者是被动地与陌生人交流，更谈不上享受这个过程了。

陌生人社交恐惧症，让这些特别出色的女性没有办法拓展自己的人脉圈，认识更多的新朋友，从而错过了与陌生人愉快交流获得新知识，新经历的机会；在社交场合上，也少了很多获得新的快乐的机会。跟陌生人打交道相对胆怯的女性，有一些共同的特点。首先，她们在内心深处是不够自信的。这种不自信往往体现在两点上，第一不知道和陌生人聊什么；第二担心自己说错话，或者是表现得不够得体，因此宁愿保持沉默。这样的女性往往在陌生的场合要么不被注意，或者被人注意到自己感觉很尴尬，也不知道选择什么样的话题切入。虽然她们中的很多人见多识广，大方得体，但是因为在跟人沟通交流上有一定的障碍，仅仅混迹于熟人之间，这样一种习性使得她们很难跳出熟悉的圈子去接触新朋友。

而另外一种人则特别擅长和喜欢与陌生人交往，我就属于这一类型。我周围的很多朋友，不管在中国，欧洲，或者是美国，都惊奇于我在社交场合中能在很短的时间内跟别人开始比较愉快的对话，并且可以让对方打开话匣子，滔滔不绝。

保守的欧洲人尤其瑞士人总叫我“蝴蝶”。蝴蝶比较擅长从一朵花飞到另一朵花，却不愿在任何一朵花中深耕。这似乎听起来不是一个特别正面的评价，但我认为能够在很短的时间内，在社交场合上跟每一个人都打个招呼，并且能够找到跟自己“磁场”相近的人，以便于更好地沟通和深耕下去，这是一种本事。

我在纽约的朋友叫我“苹果脸”（Apple Face），因为纽约的别称是大苹果，苹果是人人都喜爱的意思。我跟不同人可以找到一个特别容易愉快相处的方式，所以在很短的时间内会获得很多人的喜欢。尽管我不会和所有的人都成为深交的朋友，那也是不可能的，但是在很多场合下，我都能够结识一两个我认为值得再多花时间去深交的朋友，而且其中很多人最终还成为我生意上的伙伴。所以我认为擅长与陌生人交往还是有强大的优势的。

那怎么样才能够成为擅长与陌生人交往的人呢？我给大家三个小的建议：

第一就是要树立自信心。自信心来自哪里？首先，要穿着得体。很多女孩子对于得体的理解是整洁，时尚，大方。这些虽然没错，但这只是穿着得体的最基础的要求。最主要的还要考虑自己与场合的协调性。什么是协调性，例如在比较正式严肃的商业场合上，就不要穿得很休闲；而在轻松愉快的晚会上呢，穿得很正式也会显得格格不入。常备一条特别典雅的小黑裙，在正式的场合它能够让你非常典雅、大方。而在一些休闲的场合上，可以通过配一些休闲的饰品、丝巾等，让你可爱又不失优雅。一条质地上乘的小黑裙绝对是一个人见人爱，各个场合都非常得体的上上之选。

第二建议你一定要博闻广识。很简单的一个办法就是，每天都要看看时事新闻。在美国的时候，我一定要看《纽约时报》《财经时报》和《经济学家》，因为美国人的对话经常从时事、体育和新闻开始。在国内，像今日头条、一条视频、百度新闻等媒体平台，我每天都会很快地看一下，不会花太多的时间，了解一下周围身边发生的事情。这样，在跟别人交谈的时候，不仅能让你快速地找到谈资，还能够让你了解对方是一个什么样的人。所以，你不知道聊什么的时候，你就打开你的APP，先了解一下时事和时尚。

第三个让别人迅速对你产生好感的方法，则是学会夸奖别人。不管在任何场合、任何国家，赞美，尤其是真诚的赞美都能够迅速传递你的友好，让别人对你产生好感。美国人特别喜欢从夸奖你的穿着打扮开始，例如我经常会听到他们讲："哇，你这条裙子的颜色我好喜欢呀，我一直想找一条类似的裙子"；"你的这个首饰和你的皮肤特别相称，使你看起来容光焕发"。在中国，这样的夸奖有时候也会让人很受用，但是要注意一点分寸，因为中国人不太喜欢像美国人这种特别夸张的赞美方式。所以你在夸奖和赞美对方的时候，要从这些小小的细节处留意，而且用语要向别人看齐，这样就更加得体，让人受用。

此外，从大的方面来说，就是一定要克服自己心理上的懒惰。与体能上的懒惰相比，更可怕的是心理上的社交懒惰。走出自己熟悉的圈子，去和新的朋友交流。

我刚到纽约的时候，我会从我的校友，或者是我的同事推荐的他在纽约的朋友开始着手进入社交圈子，让他们带我进入到他们的小圈子里。通过这样的小的圈子，再进入新认识的朋友的圈子，人脉很快就拓展起来了。

保持好奇和开放的姿态，主动在社交场合认识新朋友，你会得到更多的快乐。

要想快速拓展你的社交圈，要有自信，穿着得体；要想有谈资，需要平时多注意积累时事新闻、体育娱乐话题；要善于真诚地赞美对方；在陌生的环境，可以从校友、同事开始逐渐扩大自己的圈子。

除了这些具体的小秘诀之外，你更需要时刻记着，要克服自己在心理上的被动和懒惰，摆脱社交恐惧症。

社交

# 3. 女性在社交中的尺度

本节，我们来谈谈女性在社交场合中的尺度。穿着得体，谈吐得体这些自不用提，我更想提到下面两个重要的方面。

第一，就是如何在社交场合中跟男性把握好尺度。在跟外国男性朋友们打交道上，我有很多亲身体验。我在商学院和工作中，接触到很多来自世界各地的人，尤其以欧洲人、美国人居多，所以比较清楚对于西方人来讲他们注重哪些方面的细节。中国的男士中，也有一些我的蓝颜知己。不管是中国人还是外国人，和异性打交道，要避免产生不必要的性骚扰、性暗示的可能性。就像《纸牌屋》中，一位女记者收到一封邮件，说“如果你想别人看得起，就别穿丁字裤”。这就是指如果你想让在社交场合中被男性朋友所尊重，不受到性暗示或者性骚扰，那么，一开始你就要表明一个清楚的态度，尽可能淡化自己是性感女性的特征。如果你决定利用女性的特征得到一些社交上面的优势另当别论。

如果你决定保持非常端正的姿态，只成为男性朋友的红颜知己，而不是暧昧关系甚至情人，那从一开始，不管是在穿着打扮上，语言形态上，都要给自己一个定位。一起吃饭的时候是不是你来买单，跟男性在哪些话题上可以进行深入的沟通，从一开始就要想清楚。

很多女性都希望跟周围的同事保持单纯的同事关系，但是办公室的异性之间做到君子之交淡如水是很微妙的。在国外，尤其是在美国，性骚扰是一个非常严重的事情，是可以把对方告上法庭的民事诉讼案件。不仅仅是肢体上的碰撞，甚至一些口头上，电话上、信件上、社交平台上的一些暗示性的信息，甚至是一个眼神，都可以列为性骚扰。而中国人对这方面容忍的程度高一些，中国女人是比较宽容的。

我记得刚到美国的时候，我们公司新并购了一家生物科技公司，其中有一些非常年轻能干的女性技术人员。在公司年会的时候，大家喝了点酒，有一些男同事就开了一些带有性暗示的玩笑。这些新来的美国女同事认为受到了非常大的人格上的侮辱，就把公司、几个当事人、还有公司的领导层作为诉讼的对象，提出了诉讼。所以，性骚扰是一个非常大的事情，发生类似事情的结果，对个人职场生涯会造成非常大的负面影响。如果想在职场上稳步发展，那么在社交场合上要特别注意把握和男性的尺度，不要给男性留下任何性骚扰的借口，最终对彼此都是保护。

另外一点，选择合适自己层次的圈层的人打交道。很多人对名校毕业生，对高职位的人，或者比自己富有的人都带有一定的向往和好奇心，希望跻身到这样一个所谓“更高层次”的社交圈中。我的真实感受是。如果这是一个精英圈层，都是名校毕业生，而你不属于这一类人，你是很难打入这个圈层，也很难跟这个圈层的人成为真正的朋友。

我从一个默默无闻的职场打工妹一步一步做到公司的高管，从一个普通学校的大学毕业生进入到中国、欧洲和美国的名校读书。我深深体会到，在你还不具备同等背景、资历和人生感受的时候，在学历或者收入的差距特别大的时候，你想跻身到另外一个比你高很多的圈层，是非常不舒服的，也不会真正被接纳。

所以，与其去“蹭圈子”，不如把这个时间更多地用来提高自己的能力和素质。如果你想跻入名校圈层，那最好自己好好学习努力上名校；如果你想跻身于商业精英圈，你也要在商业中一步一步做到相应的位置。不是一个圈层的人，真的是很难沟通的。就像我很多时候不愿意去讲自己在世界各地的冒险。因为如果周围的人没有去南非冒过险，没有去非洲最高峰挑战过自己，这种沟通很难达到真正的交流。只有一起做过类似的事情，才能特别深切地了解到彼此真正的感受。

自律者，更需要自知，自我约束。

女性要想在职场上稳步前行，在职场和社交场合中，要跟男性保持合适的尺度。君子之交淡如水，不要给男性朋友有任何对你有性骚扰的机会和暗示。寻找适合自己的圈层和社交圈是自知也是自重。如果你对精英社交圈感兴趣，就要先花时间提高自己，让自己成为精英。

## 4. 蓝颜知己，你也可以有一个

今天我们谈谈怎么样结识蓝颜知己，进一步谈谈男性朋友的重要性和交往的尺度。蓝颜知己是指女性的无关乎性别的异性朋友，我有非常多的蓝颜知己，其中很多还是外国人。他们是我在工作上，在运动中，包括在商学院认识的好朋友，后来有一些成为我的蓝颜知己。朋友和蓝颜知己之间，有一定的距离，这个距离就是信任。

在我创业之初，他们就会把钱投进来，同时告诉我说，完全信任我，不需要我给他们签任何的协议。虽然最终我们还是跟他们都签了协议，但是这个举动代表他懂你，信任你，愿意投资在你身上。

我在中国的蓝颜知己，有的是我以前工作团队的同事，有的是我生意的合作伙伴，也有的是通过各种渠道认识的朋友。

为什么蓝颜知己这么重要？因为男人和女人在分析问题和思考方式上特别不一样。男性大都比较理性，抽象思维能力更强一些，可以帮助女性从另外的角度来看问题，打破我们固有的思维和程序；另外一方面，男性朋友通常来讲野心更大一些，尤其是做生意时。例如，像我从事的营养健康方面的产品，从业者以女性居多。我们就会发现女性特别容易满足，而男性总是野心勃勃，他在做到两亿的时候，想的是十亿；做到十亿的时候，想的是百亿。而女人往往觉得，这个生意理念是美好的更重要，规模其次。所以男性朋友是非常重要的。

我也注意到，男女对异性知己的需求也是不一样的。有调查显示，虽然有近七成的男性和超过六成的女性都认为自己有过异性知己，但是与异性知己保持长久关系的比例低于30%。

在婚姻中，丈夫也许很介意自己的太太有蓝颜知己。男人其实是不大方的。所以怎样长期、合理地与蓝颜知己保持关系，婚姻中的女性需要注意以下几点规则。

第一，我们作为女人，要能像男人一样去思考和交友。男人们在一起，他们很少会说："我们约在一起聊聊天"。他们通常会讲："嗨，一起去打球吧，一起去喝酒吧，或者是一起去郊外吧，一起去打高尔夫吧……"。他们是通过一些兴趣爱好走到一起。所以你要有一定的兴趣爱好，用这种方式来约你的蓝颜知己。

第二，结交蓝颜知己，千万不要总是期待着男人买单。因为，如果男人需要承担所有的交往费用时，他是没有办法成为你的蓝颜知己的。AA制，就是各付各的，是比较好的方式。实际上，蓝颜知己对你这方面也有期待，中国女性的独立性，也要在这个方面表现出来。称他为“男闺蜜”“蓝颜知己”，就代表着彼此都要各自承担社交的费用。当然有的时候，如果蓝颜知己特别想表现一下，也要给他一个表现的机会。

第三，就是要在沟通中多向男性朋友问问题。想一想他特别骄傲、特别乐于表现的事情是什么。

第四，就是男性知己通常都比较喜欢结交能够让他感到骄傲和自豪的女性朋友。作为他的红颜知己，他们更希望这个女性朋友让他有可以“显摆”之处。所以我们自己，一定要坚持健身、坚持多学知识，自身有令人骄傲的长处。当你和你的蓝颜知己一起参加社交活动时，能让他引以为自豪。

在我进行VIVA营养创业的过程中，虽然创业公司的股东大部分是女性，但是仍然有来自EMBA同学的三个男性朋友的投资，他们都是我的蓝颜知己。

蓝颜知己，可以让女性从不同的角度看问题、看世界。拥有蓝颜知己，是一件值得骄傲的事情，成为异性的知己，你需要有自己的兴趣爱好，并且和他一起去做这些事情；你需要具有独立的个性，不要总想着让男人买单；你需要用聪明的方式提问，激发他释放他的能力；你更需要坚持完善自我，做最好的自己，让蓝颜知己为你而感到骄傲。

道歉

## 5. 在矛盾中学习、优雅地说“不”

这一节，我们来探讨一下如何处理矛盾。如何让争吵也变得优雅。

不管是工作还是生活中，我们每天都面临很多的矛盾，女性相比较男性而言，更不擅长处理矛盾，更不擅长说“不”。

不管是在中国还是在国外，那些比较擅长处理矛盾，或者是那些能够在出错的时候道歉的人，他的成功概率要远远高于固执于错误的人。这也就是说，成功的人更加擅长处理矛盾，而且能够从矛盾中学习，同时能积极地承认自己的不足之处，不断地提高。

我们先要设立一个前提，就是在矛盾出现的时候是否一定要处理它。在人的一生中，只有你在很重视这个人或者这件事情的时候，那么在出现矛盾的时候你才会投入很多的精力和时间去处理，毕竟处理矛盾是需要消耗很多能量的，而且也不是一件愉悦的事情。所以，先要考虑这个人或者这件事情是不是真的对你很重要，很多时候我们可以让它过去，

说“不”

而不用在上面去耽误时间。

现在假设必须面对矛盾时，我的几点经验：

第一，要保持“自黑”的状态，用轻松、愉悦和幽默的方式来处理这件事情，而不是一定要上纲上线，脸红脖子粗地处理这件事情，这需要有比较强大的自信心。

第二，是要勇于说“不”。拒绝别人和说“不”是需要非常大的勇气的。因为我们每个人都希望被别人喜欢，被人喜欢相比较而言消耗你的能量也会低一点。你事事都人云亦云，同意对方，但是这样时间长一些，你的朋友会认为你是一个没有个性、无趣的人；在公司中你的老板会认为你是一个没有想法的人；在跟别人谈判的时候，对手会认为你是一个智商和情商都不高的人。所以一定要敢于说“不”，而且告诉自己说“不” 是需要有勇气的。

第三，在出现矛盾的时候不要马上去反应，尤其不要马上去回击。我们在工作中，经常会在碰到一件事情、收到一个E-mail，或者同事们对你提出异议的时候，第一个反应就是要反击。这种时候千万不要马上就反应，一定要先沉默下来，沉默的力量是非常大的，一定要慢下来。慢下来，给自己一些时间想清楚整个事情，最好把自己从这件事情中抽出来，想清楚这件事情真正的矛盾是什么。这时你会发现，很多矛盾都不是针对个人，而只是针对事件。

第四，是我在处理矛盾时的一个习惯，就是去做运动。我会去跑步或者是去做瑜伽，去冥想。在这个过程中，先把问题和矛盾抛开，静下心来全身心地投入到运动中，真正给自己一个隔离期。往往之后我们会灵机一动，找到处理矛盾和问题的方案，或者对这个事情有了完全不同的看法。

第五，就是要告诉自己，如果能够失去面子而赢得朋友，它比保留面子失去朋友要重要得多。所以一定要把能够赢得一个人，或者是赢得一个朋友，看得比在矛盾中争辩得胜要重要。

擅长处理矛盾、擅长认错的人，他的成功率和薪资都会比其他人更高。这需要修炼，需要坚持学习。在我们处理矛盾时，要学会幽默、学会“自黑”，不要太把自己当回事。对矛盾和问题不要马上回应，而是慢一点，去分析矛盾的本质，甚至放在一边先去做一些其他的事情，可能你会得到更好的答案。

切记，赢得朋友比赢得争论更重要。

## 6. 拒绝的学问和技巧

在前面的章节中，我们已经多次提到，学会说“不”的重要性。今天，我们详细谈谈拒绝的学问。

是否能够很有礼貌地把拒绝说出去，这跟一个人的自信心是密切相关的。缺乏自信心的人，或者是经常对自己评估偏低的人，常常会为了拒绝别人感到心里不安，总觉得别人（或者是别人的需求）比自己更重要。

心理学家把不懂拒绝归结为一种病症，即“取悦症”。在有取悦症的人群中，一种是认知型的好人，这种人希望所有的人都喜欢自己，所以经常会陷入非常沉重的自我亏待中。一种是习惯型的好人，无意识地牺牲自己的需求，为了照顾别人的要求做很多事情，因此会很疲惫。还有一种人叫作情感逃避型好人，这种人主要为了逃避令人不舒服和令人不安的感觉，而必须要取悦于他人。

我也有这方面的倾向。我觉得自己属于认知型的好人，通常倾向于让所有的人都觉得我是一个对别人有帮助的人，希望别人能够认可我、喜欢我，对别人的要求很难说

“不”。所以我在职场的初期，经常为了能够让同事们喜欢我而加班加点，经常帮助别人做很多事情。但是往往并没有达到效果，因为大家会让我做更多的事情。

我刚到纽约的时候，只要有人邀请我参加聚会或活动，不管是周末还是晚上，我都一律说“好”。一方面是为了更好地了解美国的文化和与美国人的相处之道，但是另外一方面也确确实实是因为自己不好意思说“不”。

总结多年的生活和工作经验，我认识到，一个人没有原则地不会拒绝别人，或者不知道如何合理地拒绝别人，只会给自己惹上非常多的麻烦，而且对自己的时间、精力和财富，都是一种浪费。时间长了，在周围的人中会变成老好人，没有原则的人，或者是可以随意被差使的人。不管是在工作中，还是在生活中，你的时间和你的资源会被别人挪用，而自己的事情却无法持续地做下去。长此以往对你的自信心也会是一个打击，可能会进入一种负面的循环中。

所以，无论在任何事情上，必须要把握一定的尺度，只要跨越这个尺度，跨越这个底线，就一定要有礼貌地拒绝。

我特别崇尚李嘉诚先生在生意场上中给自己的定位：“我是一个仁慈的狮子”——本性上我是一个非常有竞争力的速度很快的狮子，很雄壮，但是我对外表现出来的是非常仁慈，而且在很多时候都会让人觉得有一点过度的温文儒雅，这些都是一个真正的狮子所具备的外在的综合表现。如果你不能很好地拒绝别人，在任何场合都想做一个好人，在职场上也未必就是好事。美国的康奈尔大学做过一份统计，“刺头”挣的钱通常要比这老好人多5%。

我的一次说“不”的情景是这样的。我的两个创业的女性朋友，她们在自己的工作中或是情感中一碰到问题，就来找我吐苦水，我也乐于充当这样的一个角色。慢慢地，我发现她们会在任何时候忽然出现，打乱我原有的计划。例如我要去练瑜伽，她们来找我吐槽。在吐槽的时候她们又会点外卖的食物，靠吃东西来降低自己的压力，或者是帮助自己情感上的宣泄。在那段时间内，我的生活节奏有些乱了，不但降低了瑜伽的频次，而且在不合适的时间多吃了很多的东西。

所以，2016年年底我就告诉她们：在2017年，我们还可以在一起互吐苦水，互相倾诉。但是，第一不要在我练瑜伽的时候来打断我，第二不要点外卖的食物，我也很难抵抗这方面的诱惑力。这样跟她们解释清楚，并没有影响到我们的感情，反而使得她们更加尊重彼此的生活习惯。

在工作中也是一样的道理。你不仅仅要对自己的老板有勇气说“不”，还要让老板理解你为什么说“不”。当老板交给你的事情不应该你做，或者是提出的要求不合理时，如果你能够把这件事情用合情合理的方式解释给老板听，同样是说“不”，老板也是会尊重你的。我对自己的团队中能够有合理的理由对我说“不”的人是非常尊敬的。如果你的老板，或者你的同事不能接受合理的反馈，那他也不是一个值得你长期一起为之奋斗的人。

我们并不需要让所有的人都喜欢自己。

如果所有的人都喜欢你，你千万不要为此高兴，反倒需要自我反省一下，是不是自己过度取悦于别人，而亏待了自己。也不要总是习惯于为别人做太多，而不会照顾自己的需求。要爱自己多一点。

拒绝别人是需要一定勇气的。同时，在拒绝别人时也要留意，第一要有一定的尺度，第二要非常有礼貌，第三要给予适当的解释。

希望大家都能学会在必要的时候有礼貌地说“不”，在职场上做一个“仁慈的狮子”。

## 7. 我讨厌跟我共事的她（他），怎么办

这个话题可能很多人都遇到过。面对你比较讨厌和你一起共事的同事，那该怎么办呢？

从某种意义上来说，如果你讨厌一个人，我觉得还是一件挺幸福的事情。因为我经历了二十多年职场工作生涯和三年的创业历程，似乎已经很难再讨厌什么人了。

我从事健康和营养领域，我知道如果你有这种负面的情绪：生气或者厌恶，它特别损害你的免疫系统，使你得慢性疾病的可能性提高。有研究表明，在工作中跟同事很少沟通、很少互动的人，比在职场中性格比较外向、特别愿意跟人沟通和倾诉的人，更容易生病和死亡。

所以，你在职场中如果总是带着负面的情绪，又没有一个合理的宣泄渠道，带给你身体的损害是不可弥补的。

孙子兵法说“主不可因怒而兴师”，意思是讲千万不要因为个人情绪上面的喜好和厌恶而做出一些大的决定。

在工作中也是一样的。如果觉得哪个同事与你有了小的

摩擦或者积怨，第一就是不要跟这个人起正面的冲突。

第二，可以私下约他开诚布公地谈一下。在沟通的时候，要掌握一个小的技巧：尽量跟他讲“什么事情我的感受如何”，一定不要直接去指责对方的行为和言语是有过错的。因为指责很容易引起对方的反抗，但是谈及你的感觉如何，是你非常主观的一个想法，别人控制不了。

例如，私下里聊聊天，喝杯酒，然后开诚布公地说：“之前你说的哪一句话或做的某件事情，使我感觉到你看不起我，你不认可我的能力，不信任我……”那么，对方往往在这种时候会解释说，为什么他做这样的事情，你就静静地听着。要把对方带给你的感觉，尽可能地传达给对方。只有这样，才能真正把你的不满、怒气或者负面情绪释放出去。不要装作什么都没有发生，也不要去回避。回避在职场上的沟通，对人的健康的损害是非常大的。

在中国，很多人在遇到不喜欢的同事时，会选择设法自我排解，我觉得这个方法是非常不错的。但是也有不少人会选择当面爆发冲突，或者事后找人来倾诉。如果你有很多业余爱好，或是其他能够转移你注意力的事情，这是特别好的排除负面情绪、解压的方式。当然，你最好不要每天都跟你的朋友讲负面的事情，因为你朋友慢慢地会跟你保持距离的。当面爆发冲突是我最不赞成的，因为这不仅无济于事，而且对彼此都会造成非常大的伤害。

假如我碰到不愉快的事情，我就会给自己一个理由，奖赏一下自己，饭后跟我的好友们喝一杯，然后“自黑”一下，吐槽一下。有的时候也会跟这个自己并不喜欢的人一起喝一杯，用一种比较诙谐、自嘲的态度，跟他讲讲他做的哪些事情使我感到很不开心。

说起来好像很奇怪，有一些我认为自己不喜欢的人，在后来的生活中对我的帮助反倒很大。私下开诚布公地沟通，对方的解释往往是解药，有时，负面的情绪只需要对方的一个解释就可以烟消云散。

给自己一个机会，也给对方一个机会。建立良好的同事关系。

当你不喜欢跟你一起工作的同事时，别忘了，这种负面的情绪对自己的健康是非常不利的。发生矛盾或冲突之后，与同事进行一次比较私密的、开诚布公的沟通，让对方知道你的感觉，同时给对方一个能够解释的机会。保持冷静的态度。尽可能远离愤怒、谴责、嫉妒等负面情绪，才能使得我们自己身心健康。

既然在一起工作，就开开心心的！

# 8. 如何自我消化负面情绪，不把负能量传给他人

下面，我们来谈谈如何自我消化负面情绪，不把负能量传递给其他人。为什么我们要自己处理负面情绪，不把负能量传递给其他人？因为我们中的很多人，经常感觉不快乐；觉得日常生活中的很多事情都令人烦躁不安，沮丧，自卑，或者孤独。

很多人在日常生活中觉得忧郁，比较消极，经常感觉身心疲惫，对周围的事情很冷漠，没有什么兴趣，不觉得自己有创新能力，或者是创造力，还会在突然之间有恐惧感……这些现象，都代表了感情上的亚健康。

在我们周围的朋友，许多人都有这种状况。所以，真正非常积极、有正能量、能够感染大家的人就特别稀有。

我在纽约的时候去看过一个歌舞剧，剧中所有跳舞的人，前前后后有50人，每个人出场时都带着灿烂的微笑。你见到这么开心的人，你也会不由自主地被感染。

所以，我选择一定要把负能量交给自己来处理，而带给

外人的，都是阳光的状态。那么，自我处理负面情绪有哪些办法呢？

第一，不要做鸵鸟，不忽视自己的负面情绪。当我意识到自己有一些忧伤，有一些低落，有一些情绪上面的不稳定因素时，我会用运动来克服。我会选择去户外跑步或选择在室内做瑜伽。曾经在压力非常大的时候，我一天做过四个小时的瑜伽。早晨，在六点到八点做，晚上下班之后继续做。因为在练瑜伽的时候你需要全身心地投入，忘记工作中发生的一些事情。我觉得，瑜伽和运动可以非常有效地缓解压力、消除负面情绪。

第二，喝葡萄酒也是我的一种消除负面情绪的方式。我会每天喝一点，但是我从来没有喝醉过。我觉得做自己喜欢的事情，不管是喝酒、绘画，还是吃东西，对消除负面情绪，缓解压力都是非常有帮助的。

第三，我会约朋友一起玩，但我并不会和朋友讲我的压力和负面的事情。我会问朋友："最近都碰到了哪些困难事情，说出来让我高兴一下。"这当然有一点调侃的味道。但是朋友们也都知道，彼此听听、彼此讲讲在工作生活中遇到的事情，会对自己有所帮助。你会发现，哇，每个人都会遇到好多事情。相比较而言，自己的事情真不算什么。

第四种办法就是追剧。当我在上海的创业中碰到困难的时候，我会去看伍迪艾伦的片子，让我沉浸在纽约客的生活状态中，这会让我的精神得到缓解。

在我们周围有很多情绪比较压抑的人，通常其他人对此都会采取漠视的态度。所以当你真正关心你朋友的负面情绪，尽可能听听朋友讲他的事情，这也会缓解自己的负面情绪。也不要介意把自己的事情讲给别人听。

我记得曾看过史铁生先生写的一篇文章，大意是，他在生病坐轮椅的时候，觉得人不能直立行走是最痛苦的事情；后来连坐都不能坐，只能躺着的时候，他才觉得，要是能坐着，是多么的美呀；再后来，他又患了很严重的尿毒症，经常昏昏沉沉，不能够正常清晰地想事情，他就怀念说，如果思路很清晰，头脑很清晰，即便是躺着也是很幸福的。

所以，在我们有负面情绪的时候，我们要想到，这是人生给我们的一个修炼。未来，我们可能面对的是更困难的人生挑战，那时候再回头看，这些都不算什么。

即使你是一个非常有正能量的人，也要关注自己的负面情绪，而不是忽视它。

当你感觉心情低落、有负面情绪的时候，想一想可能你的周围很多人和你一样，所以，不要再去向他们释放这些负能量，更好的方法是自我消解。运动能够很好地帮助你，跑步、瑜伽、散步、爬山都是好办法。喝点小酒，和朋友聊聊天、听听他们的困难，看看影视剧，让你的情绪短暂地逃离现实，都能帮你消除负面情绪，而不会影响别人。

# 9. 她那么优秀，心生嫉妒的我该怎么办

看到别人很优秀，自己没法控制产生嫉妒该怎么办？我特别喜欢哲学大师罗素在《幸福之路》一书中所讲的一句话，他说："嫉妒，可能是人的所有天性中最不幸的那一个了。由于嫉妒，人不去从自己所拥有的事物中汲取快乐，却不断地从他人所拥有的事物中汲取痛苦。"

嫉妒是因为我们把注意力过度地放在别人拥有的事物中，其实浪费了时间，没有留意到自己已经拥有很多。

我认为嫉妒也并不是一个完全不好的事情，适度合理的嫉妒，可以成为一个人上进的潜在动力和不断提高的源泉。嫉妒心是非常正常的，你可能觉得自己不会去贬低别人，不会看到别人得到升迁而觉得不愉快，但是假如男朋友或是老公说到前女友的优点时，是不是你会感觉到一些嫉妒和不愉快？如果你的老公经常和他的朋友们一起出去社交、喝酒或打球，你是否会觉得他对你有一些忽视。这些情绪也都是一种嫉妒的心理。所以每一个人都会或多或少有一些嫉妒。

# 嫉妒

偶尔有嫉妒心，是非常正常的情绪的反应，没有什么大不了的，一个人如果从来没有嫉妒心，有可能是完全自我放弃，也有可能是自欺欺人。

生活中，我在碰到一些比自己出色的人时，不管是她的身材比我更健美，还是她的瑜伽练的水平比我高，或者是他拥有令我羡慕的家庭之爱，或多或少我都会有一点嫉妒。但是，在见到这样的人时，我又会特别好奇，特别想了解是什么能够成就今天这样一个出色的他，通常我会很喜欢这样的人，会跟他走得很近，一方面是向他学习，获得更多的正能量；另一方面，当你跟她走近的时候，你会发现，她也会有自己的痛苦、难处和纠结之处。所以每一个人都有自己的小问题，没有什么可值得嫉妒的。

王小波说过："人的一切痛苦都是对自己无能的愤怒"。讲的就是如果你在产生嫉妒心理的时候，其实更多的时候，你是给自己的无能找了一个借口。

我也喜欢莎士比亚说的话："要留心嫉妒呀，这可是一个绿眼睛的魔怪"。绿眼睛的魔怪，这是一个多么有意思的比喻，它代表着嫉妒的心理像一个妖魔一样，它会使我们失去正确的判断，从而失去很多朋友。

我在帝斯曼工作的时候，在整个业务部门，全球几万人中，只有一百多人成为了高级管理人，其中的亚洲女性只有我和她两个人。我们两人都是负责业务的，她在美国，我在中国。在全球的管理大会上，我发现她非常勇敢。能够站在众人前勇敢地指出，当时公司最高层的管理层对中国产品质量的质疑，影响到中国人的自尊心。我当时心里是既羡慕又嫉妒，我非常羡慕她有这样的勇气，能够当众站起来跟老板叫板。同时，我也有一些嫉妒。会后，我主动地找她聊天，虽然刚开始的时候她对我并不是非常接纳，但是非常有意思，在我们后来这十几年不断沟通接触中，我们成为非常好的挚友和闺蜜。前两天她还在一篇文章《我和闺蜜徐林》里讲了我们这一段十几年相互欣赏和“嫉妒”的经历。

*在我们嫉妒别人更出色的时候，先要想想自己在哪里做得不够好，是不是自己能够提高得更多一些。不要把嫉妒当作阻止自己不断结交新朋友、不断向上的阻力。要把它变成动力，你可以变得更出色，同时还会结交更多更出色的朋友。*

# 10. 如何理性面对别人对我的评价

怎样理性地面对别人对自己的评价？说到这个问题，我很愿意跟大家分享一些我的切身体会。

每一个人都有强烈的“以自我为中心”的意识。所以，在别人对你作正面评价时，你会尽可能相信他是真的；但是当别人对你有负面评价的时候，你却会本能地有一些反感。

给大家讲讲我曾经收到的一些负面评价。我在纽约的创业团队的成员，他们也都在用微信。在国外工作的人，他们对自己的作息时间的管理是非常严格的。所以他们觉得我经常在他们的非工作时间发E-mail，发微信，对他们的隐私有一定的侵犯；我要求他们每个月都要告诉我财务和销售状况，对他们来说是一种压力。

在面对这类评价的时候，我首先选择倾听，要让他们把所有的意见都讲完，完全不打断他们！即使有时候一件事情他反反复复地说，我也会选择让他们把意见“絮叨”完。

第二，尽可能把负面评价带来的情绪上的影响消除掉。我第一个情绪反应是“嗬，您这个工作效率，这个工作态度，还创业？你还是去打工吧。”但是我把它压制下来，去考虑对方产生这一负面评价的原因。例如，他刚刚有了小孩子，他是一个非常好的丈夫和爸爸，他需要经常照顾孩子和妻子，所以，在非工作时间，我的信息即便不需要他马上回复，对他无疑也是一种压力。

我也会反思，如果我觉得这件事情被冒犯，那是因为我把自己看得太重要了，把自己看成他的老板，而不是并肩作战的同事。

林肯是一个极出色的美国总统。在遇到矛盾和问题时，他总是非常平静，极少发火。林肯在领导独立战争的时候，很多将军都出生于富贵家庭，对他非常蔑视，经常在言语上公开侮辱他。有一次，在他下达了一项命令时，手下的一个将军S不仅仅拒绝林肯的命令，还到处说，林肯很愚蠢。林肯听到了这个评价之后，对旁边的人说：“S是一个非常聪明的人，如果他说我愚蠢，那我肯定真的很愚蠢”所以他亲自去见了S，通过交流，他知道了自己签发的命令确实不是很合理，于是，他就收回了他的命令。

从这个故事中，我们可以看到，林肯绝对是一个有着强大的内心和自信心的人，也是一个能够汲取各方面意见的领导。我经常去华盛顿出差，每次跑步经过林肯纪念碑时，我都会很敬仰地去默念林肯的碑文，他是我的精神偶像。

在听到负面评价时，放下面子，耐心去了解事实和改进自己，如果连林肯都能做到这一点，常人有什么做不到的呢？所以在人生的漫漫长途中，如果你发现别人的评价非常容易让你觉得愤怒、生气、委屈，那是你的自信心还不够强大，不能容纳别人的负面评价。

李安在好莱坞执导电影的时候，聘请的都是当时在好莱坞非常知名的影星和团队。这些人经常对李安有负面的评价，而且很多评价非常不公正，令人难以忍受。但是李安总是选择聆听和接受，但是又有自己坚持的底线。这种表现就在于他非常擅长自我管理，在充满挑战的环境下自身足够强大，同时又非常幽默，能够非常好地扭转劣势局面。

在我的经历中，一个中国女性在很多白种男性的环境下，经常会遇到负面评价，甚至遇到各式各样的挑衅和取笑。在这种情况下，往往是你敢于自嘲的精神能够使你扭转局面。

人生无外乎就是被别人笑笑，再笑笑别人，没有什么大不了的。如果别人对你有一些负面的评价，无妨就让对方评价一下，让他得到一些自我满足。平静地接受这些评价，是内心强大最好的体现。对外人的所有评价，都只需要看它们是否有价值让你自己提高，但是他不会也不应该影响到你内心的情绪和你内心的能量。

如何才能平静地对待负面的评价？首先你要耐心倾听对方的讲述，了解事情的原委。第二，你要放弃自我为中心的态度。第三，要意识到，对这些负面评价，即使你的第一反应可能非常抵触，它的产生肯定也有一定原因。所以，要反思其中是否有对的成分，自己是否应该进行改进。

在人生的旅途中，我们需要不断地修炼，强大自己的内心。有点自嘲的态度，更有助于你成为一个快乐的人。

受欢迎

## 11. 不用讨好别人，也可以让别人喜欢你

如何做到不需要费尽力气去讨好别人，也可以让别人喜欢你？

在我的二十多年的职场经历中，有过非常多的起伏。曾经因为管理非常大的团队，有很多人对你非常友好，甚至是逢迎。但是，你并不了解，他是基于对你个人的喜爱，还是对你背后的整个团队的敬佩，我当时也比较麻木。后来我去了瑞士、美国工作，以及经历了自己创业的时候，才意识到，其实，一个人是否真正喜欢你，是在你人生遇到挑战的时候才能看出来。因为锦上添花的人比较多，雪中送炭的人并不多。在这里，我想跟大家探讨一下在我人生进入低谷期的时候，提炼出的对人性的认知。

如果在人生不得意的时候，你还想成为一个比较受欢迎的人，需要具备哪些方面的品质？

我比较喜欢具备以下五种品质的朋友。

第一，有正能量的人。不论在哪儿，大家如果看到一脸

品质

阳光、积极向上的人，都会觉得非常愉快。有时，如果你超级自信，很多人会觉得你不太真实，或者觉得你有点天真，有点傻。但是不管别人怎么认为你，一个总是充满正能量，带给别人阳光笑容和正面气息的人，总是最受欢迎的人。

我一直是一个非常有正能量的人，所以很多时候，朋友们会觉得我有一点过度天真，像个孩子活在成人的世界里一样。但是这不要紧，因为如果你坚信自己这种正能量能够感动很多人，最终会有很多人欣赏你，并且成为你长期的朋友。投资我的创业项目的，很多都是认识我多年的好朋友，这也一定程度上证明，做一个天真的、正能量的人是非常受欢迎的。

第二，考虑对方的立场、愿意帮助别人、替对方着想的人。这种人活得非常明白，我也碰到过很多这样的好朋友。

我有一位多年的好友叫Sunny，她是我在法国Insead念书时的同学，后来成为挚友。每次与她见面，我都会从她身上学到很多东西。

她会跟你分享一些新鲜的事情，带来新的信息——她旅游中的经历，她刚刚看过的一本书，或者她刚刚领悟到的一个道理。她总是会把别人的需要放在考虑问题的重点上，这也使得你意识到她是你身边特别需要的人，跟她在一起你会觉得非常舒服。

第三，总是对事情，对世界，对别人充满好奇的人。一个人能够在成人的世界中保持一颗孩子般的好奇心，是特别难得的品质。我认为自己也是这样一个充满好奇心的人，喜欢学习新鲜的东西，对新见面的人充满好奇，对不同的事物充满好奇，有很多的兴趣和爱好。

我们慢慢知道，真正能够伴随你走到很远的人是你自己。所以，一个人最好有一些持续的爱好，使得自己变成一个非常有趣的人。

第四，快乐的人。我经常对自己，也对朋友说，要远离那些负能量的人，因为他们不仅仅自己不开心，也会使周围的人不开心。为什么一个人会不快乐？究其原因还是因为不够爱自己。一个爱自己的人，他很可能会是一个快乐的人，他会愿意跟别人分享一些自己的心得和感受，但不会把自己的观念强加给别人。他会欣赏别人身上的优点，并因此快乐起来。

爱自己，首先要有强大的自信心，爱自己是非常不容易的。需要不断地学习和培训。我也是在一次次磨炼中，逐渐建立自信，学会爱自己，学会欣赏别人的。

第五，成功的人。这里所说的成功，绝对不是以职位、金钱、学历、背景来衡量的狭义的成功，而是指他在自己的领域内钻研、热爱、擅长，并能够给别人带来价值。也许他有唱歌的爱好，他不是歌唱家，但是他在卡拉OK的时候发挥得非常好；也许他很喜爱自己的工作，虽然并没有几百万、千万年薪，但是在每天的工作中，都启发帮助很多人，同时很享受自己的工作，这样的人都是成功的人，他们给周围的人带来价值和影响，使别人也充满对成功的向往。

如何才能成为一个即使是在人生低谷中、逆境中依然受人欢迎、受人喜爱的人？我们需要不断修炼以下这五种品质：

做一个有正能量、有自信心的人；做一个愿意帮助别人、能够为对方考虑的人；做一个对新鲜事物总是充满了好奇心、有趣的人；做一个快乐的、爱自己的人；做一个能够给朋友带来价值的成功的人。

# 第三篇

# 会美丽

自律，练出自信，吃出健康。

要想保持健康的心态，年轻的体魄，你需要坚持不懈地健身塑形。

还要持之以恒地选择低热量、高营养的食物。

# 1. 无肉不欢的我，能瘦下来吗

我是一个素食主义者。我个人的观点是，肉类食品对我们的健康是有负面作用的。虽然现代新的减肥的方式方法中，有很多强调的是多吃蛋白质和脂肪，不吃碳水化合物，但这种方法是不能持久的，而且它对人的健康，尤其是对人的心脏和肾脏的功能会造成一定的负担。

如果你希望保持一个健康的状态，不妨尝试一下素食的方法。这里跟大家分享一些我的素食心得。

首先，不管是西方还是东方，我们会发现，不吃肉的人的体重指数会低于食肉者，素食者患上肥胖症的比例比非素食者要低很多。即便是摄取同样的热量，素食的人身材也会更好，因为要想摄入同样的热量，素食者要吃比肉食者多4~5倍容量的东西，这一般很难达到。我生活在上海，我发现上海的很多长寿老人是以素食为主。其实，素食不仅能满足身体对蛋白质的需求，而且其中维生素的含量也是非常高的，所以不用担心营养不良的问题。

作为一个长期素食者，我总结了以下几点与素食相关的知识。

第一，我觉得素食对稳定一个人的情绪是有帮助的。我认为自己比较心平气和，不容易生气，与长期素食有关系。

第二，长期素食的人，需要特别关注营养的均衡。我会吃很多豆制品，另外，我不是纯素食主义者，我会补充适量的鸡蛋类的东西，而纯素食主义者则是牛奶和鸡蛋类等食物也不吃。有些人的肠胃对牛奶不耐受，比如我自己就是这样的，所以我选择豆浆、椰奶。椰奶、豆奶和鸡蛋类的食物给我足够的蛋白质。因为我长期坚持运动，所以我还会额外补充B族维生素。通过膳食补充剂能够使身体对微量元素的需求达到满足。

第三，素食主义者自我感觉会比较好，他们会有着自己对世界的环保和人类的健康是有贡献的这一积极的心理暗示，让自己保持愉快平和的心态。

我虽然是一个素食主义者，但我完全不反对其他朋友吃肉，也不会强求我周围的朋友都跟我一起素食。我觉得应该尊重每个人不同的饮食习惯。

美国有一名著名模特和演员叫娜塔丽·波特曼（Natalie Portman），她是一个严格的素食主义者。她认为，吃动物代表着动物是可以被杀死和加工的。包括她用的包，都是用植物类的环保材料制成的。

大家比较熟悉的麦当娜·西科尼（Madonna Ciccone）也吃素，她还限制自己的家人吃肉食。对这一点我并不赞同。我认为，每个人可以有自己的信条，但不应该强迫别人去做他们不认可的事情。

当然我也承认，人在吃素瘦下来后，如果不能额外补充益生菌和胶原蛋白肽，会使衰老加快。素食者虽然有很多优势，例如，心情平静，比较平和，更长寿，更健康，更环保。但是，也不是所有的素食食品都是健康的，吃素食的人还容易缺乏B族维生素，所以要特别留意自己的饮食搭配。

我是一名素食主义者，我认为，素食可以使人更健康，更长寿，更苗条。但是，素食者要特别留意多补充B族的维生素。

素食是一件特别酷的事情。如果你想成为一位健康的环保主义者，同时希望自我感觉更好一些、更酷一些，欢迎你大家加入到素食者的行列中来。

## 2. 吃不胖的超级食物，这种谷物你听过吗

今天跟大家谈一种特别神奇的谷物颗粒——奇亚籽，英文名字叫Superseed，它是一种怎么吃都不会胖的超级食物。认识这种食物源于我去墨西哥做的三周徒步旅行。在那里，我发现，墨西哥的人个子虽然不高，黑黑瘦瘦的，但是他们非常有能量，并且耐力很好。

他们给我讲了一个故事：在西班牙殖民主义者侵占墨西哥的时候，遭到墨西哥人顽强的抵抗，殖民者发现他们在吃一种谷物，当地人称之为奇亚籽Chia。这种奇亚籽小小黑黑的，有点像芝麻，富含微量元素和Omega-3，当地土著人以它为主食，虽然长得短小精悍，但是能量却很大。西班牙的殖民者发现了这个秘密之后，一度禁止当地人种植和食用奇亚籽和另外一种叫Amaranto的同类谷物。

奇亚籽非常神奇，看起来是小小的颗粒，但如果你把它放在牛奶或者水中，第二天，小小一杯底的奇亚籽就会变成一大杯，我会把它跟豆奶、麸麦混合在一起作为早餐。

有很多人都很推崇用奇亚籽做的营养健康早餐，在营养方面，一小勺奇亚籽所包含的微量元素能满足一天的需要，同时又能塑造你的肌肉、降低胆固醇。因为奇亚籽中富含Omega-3，它有降低三高，（尤其是胆固醇），减少心脏病的风险的功效。

后来，我在西班牙时曾留意到，西班牙人把奇亚籽引入到西班牙，做成了很多营养饮品和营养食品。在瑞士的有机食物店里，那些卖得很贵的即食麦片（Musli）里，也含有奇亚籽成分。奇亚籽具备的营养功效，在注重营养健康的西方国家，在很多年前就开始被发现。

在美国，奇亚籽也被称为减肥方面的神奇之籽。许多人会有这样的体会，夜深人静的时候，常常特别想吃东西，但是又担心发胖。在纽约的whole foods店里，有一个叫“负能量”的健康的解馋食物，其最主要的成分就是奇亚籽。由于奇亚籽与液体混合，会变成糊状，而且会膨胀，让你产生很强的饱足感，同时给予你足够的能量和耐力。

奇亚籽

# 高营养

要想健身塑形，保持好身材，不仅要锻炼，还要选择低热量、高营养的食物。特别是夜深人静却很想吃东西的时候，一定要选择低卡路里、有饱腹感的食物。

很多人把奇亚籽称为超级食物。牛奶（豆奶）、燕麦加奇亚籽，是我推荐给大家的一个吃出美丽的健康早餐配方。

# 3. 将主食换成它，健康减肥并不难

我在纽约工作期间，通常早上5点起床，6点去瑜伽馆里练瑜伽。纽约的瑜伽馆里有很多非常健康的男士，这一点跟上海很不一样，上海的瑜伽馆里大部分是女士，而且过于消瘦，不够健康。除了做瑜伽，我还参加慢跑俱乐部，与一些健身营养行业的人保持着密切联系。在一家专门为名模进行健身训练的健身工作室里，专业的营养专家会给这些名模安排每一天早晨锻炼之后的早餐，这些早餐里有两个成分非常重要：一个是燕麦，一个是奇亚籽。

上一节我们已经介绍过奇亚籽，这里我们再来说说燕麦。燕麦生长在海拔1000米以上的高原地区，它富含丰富的维生素、微量元素和蛋白质。在燕麦中还有丰富的可溶性的和不可溶性的粗纤维。植物纤维能够帮助人体排出不好的胆固醇，而且使人有足够的饱腹感。此外，燕麦的淀粉含量非常低，经常食用燕麦的人腰部会非常纤细。

美国名模Kate Moss的健身教练叫查得曼。在Kate

Moss公布的饮食清单里，有燕麦片、蜂蜜、零脂肪酸奶、豆腐、鸡肉、鱼以及各种坚果。

Kate Moss认为燕麦在饮食清单中排名第一位，因为它里面有长链纤维，让人有饱腹感，不容易饿，所以血糖的波动就不会大。在中国，也有越来越多的人开始重视燕麦这种食物。

有一次，好朋友带我去了一个独特的动感自行车工作室。在这里，大家一起非常振奋地做45分钟的动感自行车运动。在这45分钟里，会让你感觉身体与精神都得到疯狂地释放。而在运动前的等候时刻，大家会拿出自己带的杯子，里面装有高蛋白的燕麦粥，或者燕麦奶昔，一方面补充蛋白质，另外一方面把自己的新陈代谢调动到最佳的状态下，这样，人在运动时的消耗，就得到这种特别健康、高纤维的食物来补充，非常容易塑型。在动感自行车结束之后，大家会在那里吃一些富含燕麦和奇亚籽的营养棒或代餐粉，科学运动和健康饮食使这里的每个人的身体状态看起来都超级阳光。

燕麦

要保持美丽的容颜，需要从吃开始。要想吃出美丽，“管住嘴”就是自律的表现。而在具体的饮食选择上，我给大家推荐两种食物：燕麦和奇亚籽。它们富含优质的膳食纤维和蛋白质，以及多种微量元素，还能够帮助你的身体排毒。

人生是多么美好，让我们一起来散发我们的能量，挖掘我们的潜力，我知道你可以，你是最棒的！

# 4. 制定一份完美饮食计划的原则

我们都希望自己更美丽，那么，就需要有一份科学的饮食计划。这里我所说的科学，就是既要营养健康，也要能够起到控制体重和减脂的作用。

知名模特Candice swanepoel的减肥计划相信喜欢高热量食物的朋友都会喜欢。她会吃牛角面包，我们都知道牛角面包里面的热量、脂肪和奶油含量都是非常高的；她也会吃披萨、还有小蛋糕，为什么她可以吃这样的东西还能保证减肥计划的执行呢？主要在于时间点。她强调，在早晨吃高热量的食物，而且尽可能分成几小份来慢慢吃。早餐能提供给你一天的能量，早餐还能使得你的肌肤焕发出更多的能量，并保证你的大脑一天都处于最好的循环状态下。

在过去的几十年里，很多人都认为，如果要减肥和保持体重的话，需要少糖、少脂肪。确实过多的糖是不好的，但是，适量的糖和脂肪对保护人身体的健康，使身体满足对宏观元素、营养素的需求是非常重要的。如果你在饮食中排除了脂肪，使得身体对碳水化合物的需求更加旺盛，这同样是不好的。所以，我建议大家在吃饭时，一定要多吃富含不饱和脂肪酸的产品。

在接下来篇章里，会给大家介绍一些富含健康脂肪的食物，同时也会告诉大家哪些素食中含有这些健康的脂肪。现在，有很多对消费者存在误导的食品宣传，例如零脂肪的酸奶或者是零脂肪牛奶。但是，如果奶中的脂肪被抽取了，为了保证口感，商家可能会在里面添加大量的糖，这对人的身体带来的负面作用会更大，如果让我来选择，我宁愿选择全脂而无糖的食物。

《肌肤的能量》是一本由好莱坞很多明星的营养专家写的书。书中讲到如何促进新陈代谢，把你的生理钟调整到一种最佳的状态时强调，你吃得多，你消耗得也多，排出得也多，才能够使整个内循环达到最美丽的状态。

每天吃两袋益生菌非常有益。这个益生菌跟酸奶中的益生菌不是一个概念，酸奶中更多的是脂肪和糖，而且基本没有活菌。我们这里强调的是密封的、喷雾干燥的活菌。每天早晚各一袋，能够使你吃入的食物得到最大化的消化，同时吸收更多微量元素，并把更多毒素排出体外。

我觉得关于减肥没有什么秘诀，除了健康饮食，一定要动起来。每天保证自己走10000步，或者做45分钟的瑜伽，或者30分钟跑步，或者1小时有氧和无氧的结合训练，能够把你的身体调整到最佳的状态。这样你的生物指标就会达到最佳的平衡点。

人在无聊和压力非常大的时候，对吃的欲望会更大一些。同时，人在兴奋的时候，身体会分泌一种酶，哪怕是静坐着，消耗的热量也会更多。所以，要么是保证自己“总是”忙碌，要么做自己感兴趣的事情，使得自己每天的愉悦程度处于最佳的状态，一方面消耗的能量更多，另一方面也使得你对吃的注意力和热爱程度下降。

最后，我想说的是，食物仿佛是有生命的，你在吃食物时心情是否愉快，是否享受吃带给你的心理、味觉、生理上的快感非常重要。只有心情愉悦地吃东西，所有的食物才能得到最佳的吸收。

我虽然一直看起来很健康，但我一直在跟自己的体重不停地做斗争。我记得自己最胖的时候是刚到瑞士时。身处异国他乡，语言不通，婚姻和工作也都遇到了一些挑战。所以，虽然那段时间也做了很多运动，但因为压力比较大，所以在很短的时间，体重就上升了5公斤，整个人变得完全走形了。后来我意识到，是心情影响到了自己的身体状况，首先要调整好心情，才能调整好其他方面的事情。

制定一份营养而健康的饮食计划，并做一个能够坚持执行的自律者。你有很多选择，但是要谨记下面的原则。

首先，早餐要吃好。燕麦、奇亚籽甚至高热量的牛角面包都可以在早餐时吃。第二，脂肪比糖好得多，宁肯选无糖也要保证有一定的脂肪含量。第三，每天吃两袋活性的益生菌，保证身体循环在最佳状态下。第四，不管在饮食上是否控制，人都需要动起来，才能使身体循环进入平衡状态。第五，保证自己在生活中有更多的兴趣点，让自己不管是身体、心理、情感上都忙碌起来。第六，心情愉快地吃东西，可能是减肥和维持最佳体重的秘诀。

## 5. 脂肪就是高热量？其实只是你没吃对

脂肪是我特别喜欢的营养成分。很多人觉得，脂肪就是高热量，其实这里有误解。

我想在这里为脂肪正名。脂肪是一种非常重要的营养成分，但不是所有的脂肪都是好的。好的脂肪来源——富含不饱和脂肪酸的食物，对我们是非常有帮助的。

我最喜欢吃的高脂肪的食物是前面介绍过的奇亚籽，它富含不饱和脂肪酸Omega-3，具有抗氧化性，能够帮助你保持骨骼健康，同时又有降压作用，还有非常强的饱腹感。

目前在全球非常风靡的鳄梨（俗称牛油果，Avacado），是我在纽约生活时每天的早餐必备，为什么呢？做完运动后，身体在恢复肌肉的疲劳时，需要非常多的蛋白质和脂肪，这个时候你摄入好的脂肪会被吸收得非常快。我每天早上会生吃1～2个鳄梨，鳄梨中含有单不饱和脂肪酸，它有助于控制三高，保证自己有健康的饱腹感。

鳄梨的不饱和脂肪酸和坚果里的不饱和脂肪酸是类似

的，坚果也是非常重要的食物。坚果中含有单不饱和脂肪酸和多元的不饱和脂肪酸，吃对了坚果，对人的减肥和体重控制是非常有帮助的。榛果、腰果、还有核桃仁，都是对人体很有帮助的富含不饱和脂肪酸的坚果。这些坚果中不仅有健康的脂肪，同时，还富含膳食纤维和蛋白质，特别容易让你有饱腹感，是一种减肥的利器。

平时，我经常在两餐之间，或者午餐之前吃一把坚果。这样可以获得足够的脂肪、蛋白质和微量元素。我们分析过各种人的饮食习惯，发现，那些喜欢吃杏仁、核桃和腰果的朋友们，反而比不喜欢吃这些坚果的人肥胖率更低。这是因为，坚果里非常健康的脂肪使得她们没有饥饿感，同时坚果里面的膳食纤维又能减少脂肪的吸收。

巴旦木中膳食纤维的含量在坚果中排名第一，我平时爱吃巴旦木和腰果。

因为我是一个素食主义者，我知道自己的饮食中特别缺少脂肪，所以平时不管是午餐前，或者晚餐的时候吃一些坚果，对我都是非常好的脂肪补充。坚果中的热量还是蛮高的，这一点也需要注意，所以吃坚果不能一次吃一大把，或者一次吃一大袋，一定要掌握好量。

第一，不能够把它作为看电视、听音乐或者无聊时候的消遣，这个时候你会不知不觉地吃很多。

第二，要吃费点力气的坚果，这样的话，你会多花些时间来吃，不会不知不觉吃很多。

第三，我们在吃坚果时，尽量不要吃处理过的坚果，尤其是油炸的坚果。很多酒吧和餐厅里提供的坚果，都是用焦糖包裹后油炸过的，这种焦糖和油炸的成分比坚果本身的热量要多得多，同时也不健康。

坚果、奇亚籽和鳄梨，它们之所以是一种健康食物，是因为它们中的Omega－3的成分是非常高的。为什么一定要吃Omega－3呀？因为Omega－3能让你的皮肤看起来不干燥又有亮泽，另外，Omega－3对心脏病、三高症和老年痴呆症有很好的预防作用。在日本、丹麦这些三高人群和心脏病人比例非常低的地方，当地人经常吃富含Omega－3的鱼类，这使得他们的身体获得了非常好的抗三高的营养成分。

除了刚才提到的几类食物外，椰子也是我特别喜欢的健康食品，我去南美洲出差和旅行的时候，都会吃很多新鲜的椰子。椰子里面有富含非常好的不饱和脂肪酸的脂肪，还有超高的膳食纤维。

平时日常生活中，也可以从食用油的选择上获得更好的脂肪。纯度高的橄榄油、核桃油，亚麻籽油，都是富含不饱和脂肪酸的优质油。还有花生油也不错，但是花生油所含饱和脂肪酸的量比较高。

选择健康的食品，适当多吃坚果类食物，多摄入不饱和脂肪酸，少摄入糖分，并且持之以恒。我最喜欢的是鳄梨和奇亚籽。亚麻籽油和芝麻油也是很好的，富含Omega－3的成分。

可以多吃一些腰果和巴旦木等坚果；但是一定要适量，尤其是在进行娱乐项目时，比如打游戏，看电视，听音乐时要小心。最好在饭前，或者两餐之间吃坚果，但是不要吃处理过的，油炸过的，或者包裹着焦糖的坚果。

## 6. 水果可以不限量吗

今天跟大家谈谈，是不是通过吃水果，轻代餐能够真的达到减肥的效果吗?

很多朋友都问我，徐老师，你每天连续工作，晚上还要为节目录音、还写文章……不会太劳累了?

谢谢大家！确实，在这种强度的工作下，身体能够保证好的状态，绝对不是仅靠水果。目前，有好多果汁公司，都在推崇一种轻减肥、轻代餐、断食的概念，宣传通过喝果汁达到代餐、减肥轻体的效果。其实，从减肥的角度来说，这非常不科学。

因为一直在研究营养，我非常关注水果中营养素的含量。很多人觉得，如果不吃主食只吃水果是可以减肥的，但是你不知道，你在吃水果时摄入糖的成分，跟吃主食的道理是一样的。例如，虽然西瓜的热量非常低，但是它的含糖量是非常高的。100g中有7g是糖，所以通过西瓜摄入的糖的含量是非常高的，半个西瓜相当于吃两大碗米饭的糖。

在大部分水果中，蛋白质和脂肪酸等必要的营养成分是极低或者不存在的。所以，靠水果来满足营养的需求，完全是不合理的。在中国营养协会推荐的膳食指南中，一般只建议每天吃200～350g的新鲜水果，即2根香蕉或者2个橘子的量。如果只靠水果、果汁，或者菜汁代餐，你会发现自己的精神不能集中，还会出现头晕，体力不支，或者面色泛白等现象。

摄入过多的糖是一个坏习惯，而且容易上瘾，容易患糖尿病，更容易发胖。要想避免这些事情，就是要尽可能少吃高糖的水果，西瓜，杏、樱桃、哈密瓜等都是高含糖水果，不宜多吃。但是有一种水果所含的糖是果糖，是比较健康的糖。而且果皮中富含大量的纤维素、维生素和矿物质，它就是苹果。

这里，再跟大家讲讲，为什么摄入的糖太多不好。因为，你吃含糖量高的食物，它就会转化成葡萄糖，输入到你的细胞中，这样，你吃得越多，身体就会产生越多的胰岛素。胰岛素处于高水平，人就会比较兴奋，它本身消耗的速度又会非常快。所以，你在靠喝水果汁想要达到减肥的时候，你会感受这种上下起伏过程，一开始的时候，会感觉精神状态很好，但是很快就会觉得精力衰退，而且有的时候会犯困，想睡觉，情绪上会有波动。所以，我对这种靠果汁减肥的轻断食的方法，是完全不推崇的。

喝果汁还有一个缺点，就是它把水果中最重要的纤维素给过滤掉了。所以你喝进去的所有的糖都会一下子涌入到血液中，没有膳食纤维素能够起到减缓消化的过程。

果汁轻断食的概念，在美国和欧洲，10多年前曾经风靡一时，但是它的这些弊端很快就被营养专家们发现。

所以，在喝果汁的时候，你一定要补充足够的膳食纤维、蛋白质和脂肪。

希望美丽的你，吃水果也需要自律。并不是越多越好。而果汁则最好远离。

有三种水果，鳄梨、椰子和苹果，我推荐大家可以适当多吃。

要多吃完整的、天然的水果，而不是压榨的果汁，在果汁中，天然糖的含量是非常高的。现代人一般都不缺糖，而是糖过剩。要尽可能少吃糖，并减少各种途径糖的摄入。

瘦

# 7. 女性的美丽是终生事业，绝不只是瘦与美

女性的美丽，是终其一生的事业，但绝不仅仅是瘦与美，更重要的是营养和健康。

不论你是正在紧张学习的大学生，或者是已经工作的职场人，现代女性每天都面临着时间仓促、节奏紧张的状态，在这种情况下，如何确保我们有平衡的营养，让自己保持健美而且能够精力旺盛？

先来讲一讲营养的重要性。在快节奏的现代生活环境中，很多人处于亚健康、肥胖、营养不良或者营养过剩的状态。但是，由于公众普遍的对营养知识很缺乏，明知道自己存在各种问题，比如偏头痛、精力不济、注意力不集中、嗜睡或睡不好觉……但是可能不知道这些都跟营养缺乏有关系，不知道如何补充营养。该补什么，应该怎么补，很多人都不了解。

这里跟大家讲讲，20岁以上的女性容易缺乏哪些元素。

美

首先，是铁。因为每天你都需要消耗5毫克的铁元素。这5毫克的铁元素补充，大部分来自红肉，也就是猪、牛、羊肉中，它使你避免轻易地产生疲劳。像我这样的素食主义者，更容易缺铁。所以我会有意识额外地补充含铁微量元素补充剂。即便你不是素食主义者，也应该适当补充铁元素。因为，女性通过饮食往往摄取不到足够的铁元素。

第二，是维生素C。缺少维生素C的人容易感冒。大部分女性朋友，在换季或者压力比较大的时候，都容易感冒，就说明你的身体可能已经缺少维生素C了。

第三，是镁。为什么说很多人缺少镁呢？很多人对镁的作用不了解，假设你容易情绪激动，情绪紧张，偏头痛，这些都可能是因为你缺少足够的镁。在坚果中，像腰果和榛果中含有镁元素，在全麦的产品中也有。普遍来讲，国人这方面吃的数量是不够的。

第四，是钙。很多人都知道多喝牛奶可以补充钙质。但是，钙如果没有维生素D来配合，是完全不吸收的。所以，大家要多晒太阳，同时能有意识地补充维生素D，才能达到合理吸收食物中的钙。

有人建议女性应该少喝咖啡，因为咖啡因对雌激素有负面的影响。但是比如我，就完全没有办法不喝咖啡，如果每天早上不喝咖啡，我就觉得自己没有醒过来。我喝的是豆奶拿铁。豆奶中含有充分的异黄酮，对雌激素有非常好的平衡作用。我用这个方式弥补喝咖啡带来的不足。在女性的营养中，早餐非常重要。营养丰富的早餐，对于保持完美的体重，旺盛的精神状态，健康的皮肤都非常有帮助。如果你经常进行锻炼，一定要根据自己锻炼的强度，合适地补充蛋白质和脂肪。在前面的章节中，我们已经推荐过一些健康的食物，如燕麦、奇亚籽、牛油果、牛奶、豆奶等。要为自己做好采购清单，而不是草率地随便吃一点东西。

在两餐之间吃一些健康的零食，可以是坚果，也可以是天然有机的营养棒。因为当你意识到饥饿的时候，就特别容易吃一些不经选择、不是特别健康的食物。所以不要让自己感觉到饥饿，就像不要让自己感觉到口渴才喝水一样。同时，要特别有意识自己在吃什么，不要直到觉得自己特别饱的时候才停下来。

如果你能够心无旁骛地、专注地来吃东西，注意你吃下的每一口食物，把吃饭当成一个非常享受和重要的事情，不管跟男友、朋友还是自己，都能够全神贯注地来看重自己吃的每一口食物，那么，你就会更加健康甚至更加纤细。

在法国和纽约的很多米其林的餐厅，是完全不允许手机开机的，就是要保证你对每一口美食都能够百分之百充分体验到。在中国创业的这段时间内，压力比较大，我经常边吃饭边浏览信息、看微信、看新闻……虽然我依然坚持强度很大的运动，对营养也很注意，但这段时间我的体重还是上升了不少，而且健康状况因心情而受影响。我感觉，其中一个原因，就是以前能够给自己留下充足的时间来享受食物，而这段时间没有做到，于是，我立刻有意识地开始改正！

爱自己，从坚持每天给自己高能量、健康的早餐开始。

女性过了20岁很容易缺少的三种元素是：铁、维生素C和镁。此外，如果缺钙，一定要注意补充维生素D。照顾自己的身体从给自己一个高能量、健康的早餐开始。要尽量减少咖啡因，减少糖的摄入，同时，很重要的一点，要专注地吃东西，留意吃下的每一口食物，把吃饭当成一件很神圣的事情来进行，吃的营养，吃得快乐，吃出健康。

糖

## 8. 不够美？你可能不小心多吃了它

从营养学的角度来看，如果你认为自己不够美丽，是不是不小心多吃了一些不该吃的东西？这一节我跟大家讲讲糖的摄入。

在美国，心血管疾病、慢性疾病、肥胖症、癌症等疾病高发的主要原因，或许和美国人的人均摄糖量很高（是中国人的5倍左右）有关。其中一个原因是，美国的糖产业的政客，会在白宫来说服参议员和国会议员，让他们对糖产业给予很高的补贴，使得美国含糖成分食品的成本非常低，民众不知不觉就多吃了很多糖。糖吃多了，人的容颜、状态会有很大的退步，不仅会让你肥胖，还有可能会使你的皮肤变暗，思维变迟钝和呆滞，所以糖的危险性是非常大的。营养学家一般认为每天只需要吃60g的糖。如果在寒冷地带，或者运动量比较大的人，可以增加一点糖。

下面通俗地讲一下，糖为什么会有这么多害处？

第一点，大家知道胶原蛋白对女性肌肤的滋润帮助很大，但是糖会吃掉胶原蛋白，如果你吃的糖比较多，无法代谢，一部分糖就会附着在你表皮层的蛋白质上，使得蛋白质腐化。所以，多吃糖的人呢，你的胶原蛋白会受到损害，你皮肤的弹力也会减弱。

第二点，吃糖过量的人容易长痘痘。这是因为糖会使胰岛素释放，使得身体内的雄性激素增多，你的身体就失去了平衡，进而皮质的分泌会增多。所以，很多喜欢吃甜品、巧克力，或者是喜欢吃精致食品而无形中摄入较多糖的人，容易长青春痘。

第三点，我们知道，糖摄入过多时，糖遇到体内的酶会变成黑色素，所以吃糖过多，你的皮肤就会变暗。

第四点，现在有很多人“少白头”，我们都说是因为压力比较大，睡眠不好造成的。其实还有一个很重要的原因，头发白也跟吃糖多有关系。因为糖属于酸性食品。我们身体呈轻度的碱性是一个比较健康的状态。如果你的身体呈现弱酸性或者酸性，你的细胞容易衰老，人容易变老，而且头发容易变白。

第五点，现在乳腺癌成为第二高发率的癌症，也跟现代人摄入甜食过多有关系。甜食过多，胰岛素增加就会诱发早期的乳腺癌。

如果我们想每天精力充沛，思维清晰，想要保持健康的体型，那么你吃的东西就特别重要。如果你吃下过多的糖，就跟吃下去很多垃圾食品一样，自我感觉也会很糟糕。吃下去糖偏多的食品，你会感觉自己的状况是非常糟糕的。所以，一切都是相辅相成、相互关联的，人要有一个非常好的状态，就要留意自己吃入的食品，尤其是糖。

其实谁不喜欢吃甜食呢？我疯狂地迷恋冰淇淋，我曾经对自己说：自己在临死前可能会想，工作做得太多，冰淇淋却吃得太少。

怎么样可以尽可能地少吃一点糖？

第一，如果你吃糖吃得多的时候，就要尽可能地多增加些膳食纤维。因为膳食纤维与糖是可以相互中和的。就像是，如果你吃碳水化合物过多，那你就要配一些蛋白质和膳食纤维比较丰富的蔬菜，比如芹菜或者豆腐干。如果夏天我吃冰淇淋比较多的时候，我会留意多吃些粗纤维，比如燕麦、奇亚籽，或者新鲜蔬菜。

第二，我有一个好习惯，每买一样东西，都会去看它的标签，一是看成分是什么，另外会看含糖量是多少。例如，有些酸奶，号称无脂、低脂，但糖高达26%，这样的食物其实更不好。所以要学会看标签，看其中的成分，白糖、蔗糖、砂糖、葡萄糖，这些都是糖类，一定要看它的成分，糖越低越好。

第三，水果中糖的含量是非常高的，越熟的水果，糖越多，所以我们在选择水果的时候，要选择成熟度低一点的，而且要选择一些糖偏低的品种。

第四，如果你吃糖比较多，就要降低油脂类食品的摄入，因为糖和油脂类食物混合在一起吃的话，热量会非常高。

第五，要养成习惯，不要额外去加糖，不管是咖啡还是牛奶，慢慢你就会习惯新鲜食品和饮料中的原汁原味。吃糖都是“被训练”出来的，你吃得越多就会越需要，如果你降低的话，时间一长，你的口味也会变淡。

牢记甜蜜的糖会破坏我们的美丽。减少糖的摄入，对于爱美的你，至关重要。

吃糖过多，不仅对美容有影响，还对你的心情和状态都有影响。所以，在生活中要坚持训练自己，尽量降低对糖的摄入，尽可能把自己的口味变轻变淡。只有这样，才能吃出美丽，而且让你的心情也更美丽。

益生菌

# 9. 为你的肠道增加点活力，让新陈代谢都快起来

这一节我们来谈一谈怎样增加肠道活力，让自己的新陈代谢调整到最佳状态。主要说说影响肠道健康最重要的微生物——益生菌。在此之前我跟大家讲一下我和丹麦科汉森公司的故事，这同时也是益生菌在中国的发展历程。

我从英国留学回来的时候就决定，要做跟健康有关系的事业。我当时做了很多调研，包括全球500强公司和国际上的百年营养企业。我注意到丹麦的科汉森公司，在菌种和益生菌方面有140多年历史，在全球是非常重要的一家企业，当时还没有进入中国。我就想我怎么样能够说服这家公司来进驻中国。这中间花费了很多的精力，包括去科汉森总部和亚太区总部说服总部的管理层。当时，他们对让一个28岁的女性做中国区的首代和总经理大多存有疑问。

直到见到他们的CEO Eric Sorensen。Sorensen先生在丹麦是很有影响力的一个企业家，他在二十世纪七十年代中国刚刚对外开放的时候，就随丹麦总理带领的欧盟大企业家

团访问过中国。最后Eric Sorensen拍了板。他说“在这个世界上只有两个国家的女性可以担任这个重要的职位，一个是中国，一个是越南”。

我跟Eric Sorensen到现在也是非常好的至交。他已经退休了，还在我的影响下去跑马拉松。Eric就是我的真正的伯乐，他看到了我在开创科汉森在中国的事业上的能力和潜力。自此，我们开始跟卫生部沟通，怎样把丹麦的益生菌——BB-12动物双歧杆菌带入中国。益生菌在2002年的中国还是一个特别新鲜的事物，很多人都担心它是有害的或者不安全的。在所有人的努力之下：我和科汉森中国公司初创团队，卫生部，丹麦总理和丹麦大使，经过了很多艰难的工作，终于在2008年，国家通过标准，允许将BB-12菌种作为益生菌添加在食品中。益生菌从此在中国开始蓬勃发展起来，很多大品牌的酸奶开始添加益生菌。

说回到主题，益生菌为什么这么重要呢?

首先，益生菌可以预防和改善腹泻。由于食品安全、环境污染、空气污染、水污染等因素，在我们吃的食物中，抗生素等药物残留的含量是非常之高的，而快节奏和高压生活带来的不良饮食习惯和食物中残留的抗生素，都会导致腹泻。益生菌有助于调整肠道的平衡，缓解和治疗腹泻，同时它非常善于双向调节，很多女性因为新陈代谢低下而便秘，还有很多人出差的时候由于生活不规律而经常便秘，这时候益生菌能够调整便秘或者避免便秘。我每天早晨5点起床，我在5点到5点15分肯定会上洗手间，不论出差或者工作压力，都不会影响我的生理规律，这一定程度上跟我常年吃益生菌有关系。

第二，益生菌可以缓解乳糖不耐症，很多中国人都有乳糖不耐症的症状，只不过我们对自己身体观察得不够细致。益生菌可以帮助人体来分解乳糖，缓解乳糖不耐症，使得胀气、肠胃不舒服、腹泻、小腹微胀等这样的症状得到避免或缓解。而且它跟牛奶可以一起食用，可以更好地帮助分解蛋白质和促进吸收。

第三，益生菌可以有效地增强人体的免疫力。这一点其实特别重要。打个比方，益生菌就相当于是一个使人体免遭风雨的保护层。我有一对好朋友生活在香港。他们的孩子坚持吃了一个月益生菌后发现，孩子的免疫力明显提高，过去穿短裤在室外运动经常生病，现在很少生病了。

第四，益生菌能够提高肠道健康从而改善全面健康。益生菌就相当于一个积极的战士，进入肠道后就跟有害菌作斗争，可以把有害菌驱除体外。它还能促进整个肠道的蠕动，从而改善肠道健康。临床研究还表明，益生菌可以降低血清胆固醇，抑制和缓解糖尿病，甚至有些菌株还可以治疗阴道炎。美国和欧洲很多微生物的专家正在研究益生菌和大脑的关系，也就是肠、脑健康关联性。研究表明正常人长期使用益生菌，她的情绪会更积极；自闭症的儿童在服用益生菌之后，自闭症的症状可以得到很大缓解。益生菌通过调节肠道健康，促进大脑甚至全身的健康。

我这里还想给大家讲一个很多人都有的误区——既然很多酸奶中含有益生菌，是不是吃了含有益生菌的酸奶，就可以达到以上所说的功效？其实做不到。普通酸奶里面的菌都是发酵株菌，所以起不到调节肠道健康，补充益生菌的作用。而市场上有一些酸奶型的饮料，宣传含有活性菌。但是一则，这些饮料的主要成分是糖，是不太健康的；二则，这些饮料从出厂到到达用户手中，基本上都做不到全程冷藏环境。而没有冷藏环境就无法保证活菌数量，也就无法充分发挥益生菌的作用。

坚持通过服用益生菌保持肠道健康，促进肠道新陈代谢，能够更好地保持身体健康。同时，小到解决便秘、腹泻，大到缓解压力、改善肤色、降低三高，小小益生菌，甚至能够起到调节情绪、延年益寿的作用。

## 10. 你也可以吃出美丽

所有女人都在关心，怎么样成为“冻龄美女”，如何抗衰老?

我经常跟我的好朋友开玩笑，说我内心是一个清纯美少女。怎样能常葆青春，我认为很重要的一点是心态。即使你已经30、40岁，你一定要在心里觉得自己依然是一个妙龄少女，面由心生。也许40岁之前你的容颜是靠父母，是天生的；40岁以后，容颜则完全靠你的修行。有一颗年轻的心是抗衰老、保持年轻最重要的一点。

大家可能会说，我们想了解实际的方法，不要只谈这些。我们先来看看名人们怎么做、怎么吃。

影星周迅曾说过，她经常补充各种微量元素，尤其是维生素A，同时经常用富含胶原蛋白的护肤品。其实胶原蛋白的成分，大多是从鱼中提取的，经常口服胶原蛋白和益生菌，可以由内而外地，从吃上面来提升自己的美丽。吃得好，人也会更美。同时，胶原蛋白也可以用在化妆品中。当然，对于护肤化妆品，从营养专业的角度讲，用得越少越好，尽可能让皮肤自由地呼吸。如果需要用化妆品，我推荐大家尽可能用富含维生素，尤其是维生素A和胶原蛋白的护肤品，尽可能不要用太“厚重”的护肤品。我很少使用化妆品。我认为良好的饮食，加上良好的运动，其实是天生的化妆品。但是，如果在太阳底下，则需要尽可能涂一些防晒护肤品。

抗衰老并没有那么困难。除了刚才给大家提到的这些护肤营养品的使用，还有一些日常习惯需要注意。抽烟肯定是不好的，我在20多岁的时候，抽烟非常厉害。那段时间明显看到皮肤有了皱纹，肤色暗淡而且发黄。最重要的是，作为一个女人，抽烟导致身上和口腔都有种味道，虽然自己不觉得，但是这种气味是不受大多数人欢迎的。所以一定要尽可能不抽烟。后来我戒掉了烟，皮肤也变好很多。

酒不应该喝太多。我喜欢每天喝一点酒，我的建议是，喝酒每天不要超过3杯，尽可能喝干红。我比较喜欢喝香槟，但是，香槟里面多酚的含量比干红葡萄酒要少一些，所以干红葡萄酒更好。不论是哪种酒，不要喝太多。酒精会把皮肤中的油脂和水分脱掉，会影响到皮肤正常的代谢。

还有另外一点，就是要尽可能地多笑。如果你每天开开心心的，你皮肤的纹理也会长成开开心心的样子。

保持健康规律的饮食和健康心态，才能保持年轻。

心态是非常重要的，首先相信自己是青春美少女；多吃益生菌，多吃蔬菜、海藻类食物和豆制品；多运动，跑步、体操和瑜伽都是很好的运动；适当使用含有维生素和胶原蛋白的营养霜，不吸烟、少喝酒，喝酒尽量喝干红或干白。

虽然我觉得自己已经是一个很自律的人，但是，偶尔我也会放纵一下自己，如多喝了一些酒。所以，我用多做瑜伽来弥补。我每天做瑜伽两个小时。任何事情都不是绝对的，即使有一些小缺点，但是如果你能够很好地平衡，也是可以的。我现在虽然43岁，但是我的皮肤的状况、内脏的功能和我的心理年龄，综合测试的年龄是14岁。希望大家跟我一起，永远14岁。

# 运动

## 11. 零门槛运动方式，不需要教练你也可以瘦了

我相信大家都知道，运动的好处，不仅仅是有一个特别好的身材，更重要的是，它可以使你的心情变好。运动之后，你的头脑也会非常清醒，所以运动对调整情绪，预防和抵制忧郁都有特别好的帮助。有人说：Grace，你天天讲做瑜伽，但是去瑜伽馆是一种特别奢侈的运动。

那么，什么是零门槛的运动，怎么样能够不花钱、花最少的时间，却能够保证一个特别好的运动平衡？

第一种运动方式特别简单：每天早晨起床后做20分钟锻炼。可以先做5分钟冥想，然后做仰卧起坐15分钟。在瑜伽中仰卧起坐的次数是很多的。在南美洲和非洲冒险、徒步旅行的时候，我曾经想出去跑步，但是被人劝住了，因为外面治安状况很差。所以，只能在酒店的房间里锻炼。于是我就在地上做仰卧起坐，先开始做30个，后来连续做60个。仰卧起坐对上肢血液循环的帮助是非常大的，同时呢，它对你的腹部马甲线和腹肌的塑造是很有帮助的，这是一个非常好

的运动。

第二种运动方式叫蹲卧、蹲坐或者跳跃，15分钟上下起跳。用不同的频率和不同的延伸尺度，这对你身体关节的灵活性和给予你充沛的精力都非常有帮助。

第三种运动方式是走路，我建议大家养成这个习惯。说起美国人，我们很容易联想到电视里看到的大胖子。但是去纽约的人会发现，纽约人的身材普遍好一些，都很纤细或者健美。据统计，纽约人平均走路比美国中西部的人多出2.5倍。纽约人经常坐地铁，而纽约的地铁建设有100多年了，上下没有电梯，所以大家需要上上下下地在地铁中来回穿梭，这是一个非常好的走路的方式；另外，还有很多纽约人走路上下班，这也是非常好的健身方式。

我在纽约工作的时候，如果时间不是很仓促，我就会从上西区94街走到市中心（Downtown），需要一个半小时的快走。徒步走或者暴走，被很多明星验证是一种很好的健身和保持绝美身材的方式。麦当娜已经有60岁，但是她看起来还跟少女一样。她很多年来一直坚持健步走，所以，你可以看到她的四肢和小腹，总是那么完美和结实。另外，澳大利亚的影星Nico Kidman曾说，因为工作压力特别大，但是她不太喜欢去健身房，所以就开始健步走。半年之后，她感觉自己的身体和心理都得到非常大的改善。

# 仰卧起坐

快步走10000步的热量的消耗是普通走路的10倍，这种运动受年龄、性别和体力方面的限制很少。走路的姿势是非常重要的，在健步走的时候，一定要挺胸抬头，要摆动双臂，同时要注意收腹。这样的话，长期坚持下来，你的肌肉和骨干的力量都会因为这些运动而得到改善，你的自信心也会大大地提高，你的男朋友或者老公会告诉你，他们有多么喜欢你的身材，喜欢你挺拔的状态。

最后，我还是建议大家坚持瑜伽运动。我每天去健身馆练习，因为瑜伽的运动比较适合一群人一起练，那样会感觉比较有动力，能够汇集更多能量。当然，你也可以去百度上搜索一些瑜伽练习视频，自己在家里练习一些基本的体式。尤其是瑜伽中的“拜日式”，非常简单，百度搜索这个动作就可以学会。我每天可以做50个“拜日式”，最多的时候我做100个，它对一个人的专注力和身体的协调性都会有很大的帮助。

大家都要找出潜伏在自己身体当中的那个健康的自己，找到它，每个人都是健身运动的健将。

坚持运动，从每天15分钟开始。千万不要给自己找“健身房太贵，我没钱锻炼”这样的借口。

运动对一个人的精神状态，职业发展乃至整个人生都非常重要。有很多零门槛、不用花钱的运动方式——仰卧起坐15分钟，从最开始的30个，慢慢增加到60个。站立、蹲坐或者跳跃15分钟；从拜日式开始，在家练习简单的瑜伽动作。每天健步走30–60分钟，如果距离合适，可以走路上下班。走路和慢跑都是很好的运动，通过走路和慢跑，你甚至很有可能跑马拉松。

# 11. 如何练成性感美人

怎样能瘦下来，如何练成性感美人？

很多人误以为只要瘦下来就会性感，其实不然，真正的性感美人是健美的人。那么怎样才能健美呢？那就是需要练出结实而匀称的肌肉，同时身体还要健康。肌肉能够保护你的骨骼，骨骼健康了，你的健康状况才会更好，生活的幸福指数才会提高。由于肌肉在静态时消耗的热量高，所以，当你的肌肉比率高了，也就越不容易胖了。

那么，有哪些方式可以锻炼肌肉？

我首推的还是瑜伽。瑜伽可以更好地锻炼我们的上肢。很多有氧运动更多的是锻炼我们的下肢。对女性而言，上肢比下肢更重要，女性脊柱的健康状况决定了你的寿命和你的幸福指数。如果你的身体不够挺拔和健康，那么你的幸福指数会大打折扣，所以，瑜伽是一种非常好的锻炼肌肉的方式。我长期练强度很大的瑜伽，每天两个小时，它对我肌肉的塑造是非常有帮助的。

另外一种非常好的运动是拳击。因为拳击是一种比较有进攻性的运动，一方面，它能够训练注意力，释放压力，使你的臂端变得有曲线；另一方面，它还能锻炼你的反应能力和你的专注力。

第三种我认为非常好的运动是普拉提。普拉提分为两种，其中一种是静态的，它更像是瑜伽的一种延伸的运动，能够塑造腰部、腹部和臀部的肌肉曲线。

静态普拉提的课程，类似于在长板凳上面做不同的动作，让各个关节都能得到运动。普拉提的课通常45分钟，一堂课程下来看着轻松，但是浑身酸痛，它能够让平时运动不到的部位都得到很好的运动。所以，普拉提看起来是比较轻松的，实际上对肌肉的深度拉伸和拓展是非常强烈的，确实能塑造你的肌肉的曲线。影星孙俪，已经是两个宝宝的妈妈，但是她非常注重健身。我看到孙俪做机械式普拉提的姿势，不是瘦弱，而是健美。

第四种运动方式是哑铃运动。玛丽莲 · 梦露的完美身材并不是天生的，她每天早晨起来都会健身，她有一套哑铃的动作，非常简单。通过做各种哑铃动作，可以有效地锻炼自己上臂的肌肉，这也是一种能够在15分钟之内进行、投入很小的运动方式。

第五种我喜欢的运动就是舞蹈。我喜欢跳拉丁舞。拉丁舞非常有动感，能够充分地展现自我，能量大小可以灵活掌握，能使我们完全地释放身心，容易塑造出身体玲珑的曲线。爵士舞也不错，它把古典舞和现代舞完美结合在一起。

好莱坞明星安吉丽娜·朱莉（Angelina Jolie）一直都通过运动来恢复身体和保持体重。她每天做仰卧起坐，同时喝大量的水，少食多餐，注重营养，保证了她的身体凸凹有致。她看起来不是瘦弱的，纤细的；而是健美的、阳光型的健康女性。

现代的审美观是：不要瘦弱，健美的女性才性感。

瑜伽、拳击、普拉提、哑铃、舞蹈、仰卧起坐……有很多运动方式，选择你喜欢的，更重要的，是坚持。

我信奉“1万小时”理论，任何事情都需要长期坚持，坚持才有一切。跑步和瑜伽是我最经常进行的两项运动，已经坚持了几十年。每天都会做。让运动成为自己生活的一部分，这样才能真正塑造健美的身材，拥有完善的心理状况，提升自己的幸福指数。

让我们一起成为健美女神，让周围的人感受到我们身上蓬勃的、积极的能量。

## 12. 不节食也可以不胖吗

过度节食是有风险的，特别要避免节食导致的营养不良。而营养不良不仅对健康造成的危害特别大，同时还会使人胃口变得不正常，只有在人体的微量元素达到均衡的情况下，才不会诱发厌食或暴饮暴食。所以，微量元素对控制饮食和达到最佳的体重是非常有帮助的。

我到瑞士罗氏维生素公司总部就职时，在入职体检时，医生告诉我必须要补充好微量元素才可以上班，否则不符合当地用工的安全法则。我才第一次意识到身体健康与职场发展的关系如此密切。

适当补充改善肠道的益生菌和益生元很重要。它们可以控制你的新陈代谢，使得你吃得多，同时排出的垃圾也多。益生菌会让大家想到酸奶，但是很多酸奶里没有添加益生菌，即使添加，含量也非常低，而且只要离开冷藏环境，益生菌就会死掉。所以我建议最好选用喷雾干燥法生产的益生菌粉剂，常温下它处于稳定保存的状态，进入口腔才会被激活，保证吃下的是活性菌。而益生元是一种膳食纤维，俗称超级膳食纤维，它给人非常强的饱腹感，同时能帮助我们把体内的垃圾排出去。益生元还是益生菌最好的食物，所以两者相辅相成，使你的新陈代谢和肠道健康达到非常好的状态。

第三，要吃一些没有经过加工的高能量和高质量的食物。我比较推荐的是吃一些坚果、奇亚籽和燕麦。补充优质不饱和脂肪酸，减少碳水化合物摄入。碳水化合物的糖分比较高，会直接进入血液，调动胰岛素。消耗得快，饥饿的感觉会更强，所以你会寻求更多的进食；而富含不饱和脂肪酸的食物，会带给你非常愉悦的饱腹感，使你对碳水化合物的需求降低。鳄梨（牛油果）是我最爱吃的水果，它的不饱和脂肪酸含量非常高。我每天还会补充充足的藻油DHA，它也是一种不饱和的脂肪酸，能够更好地控制你对碳水化合物，尤其是糖分的需求。补充维生素方面，大家都知道要多吃蔬菜，多吃水果，但是，很多水果中的糖分是比较高的，所以多吃绿色蔬菜更好。

在吃东西时，一定要多咀嚼，每口食物最好达到30次。坚持做到这一点其实非常困难。在工作中，尤其是在纽约，通常我的用餐时间都在两个会议的间隙。所以，我就会用天然超级纤维营养棒充饥，每咬一口，都会尽可能咀嚼30次。因为在咀嚼时大脑会通过神经向胃部传达一个饱的感觉，如果你吃得很急，大脑还来不及反应，你可能会到了吃多了的时候才会意识到自己饱了。如果在吃东西的时候狼吞虎咽的话，血糖也会快速升高，血糖升得高，下降得也快，所以你的饥饿感来得也会非常快。所以，尽可能地多咀嚼，你可以把一口食物咀嚼30次作为标准。我发现，周围人吃饭的速度都比我快，所以，我并不喜欢商务餐或者因为业务上的原因跟大家吃饭。别人吃得很快，一方面我会有压力感；另外一方面，我的吃饭速度也会不知不觉被别人带动起来。所以，我会尽可能减少商务餐的次数。

还有其他一些小窍门能够控制你的食欲，例如喝牛奶。有些人对牛奶的消化和吸收不太好，则可以喝豆奶。此外，给自己做按摩，做精油的热敷，这些都能很好地控制食欲。还有一点很重要，就是早睡早起。早睡早起能够使得体内激素的水平降低，就不容易引起饥饿感，因此有助于减肥。

有条件的时候，早晨我会先喝一杯新鲜的椰子水和吃一袋益生菌。早晨喝一杯新鲜的椰子水对美容有很大的帮助；益生菌则起到清晨排毒的效果。

建议大家要尽可能多吃粗纤维，不要喝果汁，果汁把水果中宝贵的纤维都去除了。另外，还要尽可能降低对糖和盐的摄入。

盲目节食有可能导致营养不良。养成良好的饮食习惯，自律、坚持可以让你多吃也不胖，越吃越美丽。

我再次推荐的食物是：益生菌、膳食纤维、坚果、鳄梨、奇亚籽、燕麦、牛奶或豆奶、椰子水。而碳水化合物、糖、盐则要适当减少摄入。

锻炼

## 13. 别再浪费你的健身卡

我是一个疯狂的健身爱好者，在我的记忆中，没有健身的日子屈指可数。除非是极其特殊的情况，否则我每天至少有一个小时的锻炼时间，最疯狂的时候，一天有3～4个小时在健身。

我想，对于健身，我们首先要明确自己健身的目的是什么。很多人以为健身是为了减肥，大部分女性都会这么想。你当然也可以为了减肥去健身，但这只是目的之一，健康才应该是更重要的目的。健美是什么呢？健美不是瘦弱，而是健康而美丽。健康的人才是美丽的。所以健身更重要的目的是获得健康，从而获得美丽。健身对一个人的心情有非常积极的作用，是一个心情修炼的过程。长期健身的人，她情绪的稳定性、抗压能力，包括愉悦的程度都会有很大程度的提升。所以，健身能够给你带来整体综合的幸福指数提升。

健身不见得要投入很多，我在前面的章节中已经讲过这个主题。跑步是一种非常好的低成本健身方式，只要有一双鞋（衣服宽松一点就行），到哪里都可以跑起来。

# 健身

运动绝对不是一个三天打鱼两天晒网的事情，对于运动健身而言，自律、坚持比一切都重要。我经常说，在你的跑步鞋上，要累积一万个小时；在你的瑜伽垫上面，也要累积一万个小时。所以，做任何运动都是一个坚持的过程。我长期坚持运动，不管是小的时候在外面野跑，或者现在每天练习瑜伽，靠的就是自律与坚持。我认为，坚持比运动本身还要重要，它更是一种修行的过程。

我再跟大家讲讲去健身房健身需要知道的事情。如果所在的城市空气污染严重，我建议大家去健身房健身。我在各地工作时都是租房子住，所以在找住房时，有一个重要的衡量指标，就是先选定健身房，再选住的地方。我到了瑞士，先选择一家动感自行车的健身房，然后在附近随便找一个房子，反正待在家里的时间是很少的，仅仅是睡觉而已，大部分的时间在工作、社交和健身房里。所以健身房对我来讲，比住的地方更加重要。健身房要么离公司近，要么离家近，否则很难坚持。我自认为自己的毅力很强，但是如果不是健身房离我非常近，我也不确定能不能坚持下来。

关于健身房的环境，分为几个方面。一方面是看看有没有你喜欢的运动和器材。例如我喜欢动感自行车，我就要看看健身房有没有这方面的课程和器材，跑步在哪都可以进行，但是进健身房，肯定要充分利用它的器材。我通常会看一下上肢和腹肌运动的器材，不需要太高级，但起码要切实可用。同时，要感受一下它的气氛，最好在健身房里试几次，感受一下来健身的人是不是你喜欢的人群——充满正能量、健美、务实。在有些健身房里，来做样子而不是真正健身的人很多，这会让你非常分心。

健身房的卫生是很重要的。所以一定要看看健身房的浴室和卫生间，是不是符合你对健身房卫生条件的要求，我的一个衡量标准是，能够光脚在地上走的健身房，才是真正符合卫生条件的，不过能做到这一点的健身房尚嫌太少。

健身房里的空气质量非常重要。要考察里边是否有过滤器，空气质量是否达标。如果你在一个不符合健身需求的环境下去健身，呼吸摄入的空气，对肺部的影响是不运动时候的5倍以上。

运动绝对不是一个三天打鱼两天晒网的事情，自律、坚持比运动本身还要重要，它更是一种修行的过程。

健身的目的是健康，健康才能让我们更美丽。如果选择去健身房，那么一定要找到离家近且适合你的健身房。除了位置，器材、氛围、卫生条件和空气质量也很重要。

# 运动

## 14. 在健身房挥汗如雨，为什么体重计岿然不动

好多女性朋友问我，她们经常在健身房挥汗如雨，但是为什么体重一点不降？其实，在健身初期，体重不下降，甚至有时候还可能会上升，这都是正常的。如果在锻炼的过程中，你的方式方法是对的，那么你体内的脂肪会转变成肌肉。肌肉非常重要，它可以保护你的内在器官，提高你的生活质量，可以消耗更多的卡路里。所以，只要肌肉增加了，即使体重不降也不必担心，你会发现某些部位会瘦下来，这其实是一件好事情。

但是，运动方式不科学，也有可能影响减重效果。例如，我长期跑步，刚开始的时候，跑10公里会消耗700卡路里左右的热量，但是，后来当我可以很轻松地跑完10公里时，我跑10公里的热量消耗就变成了500卡路里左右。所以，如果你长期做一项运动，你的身体渐渐习惯了这样的重复动作，消耗的热量就会越来越少，或许就达不到你想要的减肥效果。对此，我的建议就是运动方式要做一些变化。不

要总是做同样的事情。如果你经常跑步，那么可以尝试做一些短距离高速度的训练，也可以将跑步变换成其他有氧运动，或者是骑自行车，又或者是原地跳跃，变换一种运动方式，你会获得更好的效果。

另外一种可能，就是你虽然在运动了，但对自己的要求不够高。我有个同事，在我一再劝说下开始运动。后来，她跟我说，Grace，我现在可以在跑步机上一个小时跑4公里。我说“怎么可能只有4公里呢？通常如果我在跑步机上跑一个小时，大概是跑10～12公里，即使你快走的话，也应该在6公里左右，4公里基本没有消耗。”所以，运动绝不是一个悠闲的事情，如果你对自己的要求不高，连汗都没出，想降低体重，这是不可能的。我们要了解自己在运动中的心率，通常你的心率要达到150左右才能够真正地消耗脂肪。所以希望大家运动时带一个心率手表或者是心率的测量器，这样就知道在运动时有没有达到一定的强度。

很多朋友健身后，胃口都特别好。在健身之后，身体像一块海绵，对糖分的需求特别高，你吃下的食物中的成分，尤其是糖分（热量），会更快更高效地被吸收。你辛辛苦苦地运动一个小时，消耗了500～600卡路里热量，然后大吃了一顿，补充了2000卡路里，从减肥的角度，效果是适得其反的。所以，运动之后，要在吃的方面有所控制，切记不能在运动后迅速补充碳水化合物。

如果你已经决定开始运动了，平时却能坐车就不骑车、能开车就不走路、能坐着就不站着，能躺着就不坐着……这些习惯会使你的日常新陈代谢降低，同样达不到瘦身的目的。所以，平时需要弯腰捡东西就要弯腰，能够走路过去跟同事沟通，就不要打电话；能够走楼梯，就不要坐电梯。

运动配合饮食，人肯定能瘦下来。三分靠运动，七分靠饮食。大家开始运动时，一定要配合好饮食。关于我推荐的食物，大家可以看前面的几个章节。

如果大家按照这种方式开始运动，即使初期体重没有马上减下来也不用担心，一个月后，就会发现体重下降，而且身体的线条会变得优美起来。

把生活活出新的样子来，先从持续地运动，并且变换不同的运动方式开始。

运动的方式方法要正确，要对自己有更高的要求，运动要出汗，心率要达到150左右（一般情况）；在运动的基础上，配合合理的饮食，补充膳食纤维，优质蛋白质和不饱和脂肪酸。要刻意地变换一下运动的方式。跑步、瑜伽、仰卧起坐、跳舞、散步……每天都给自己一些理由，做不一样的运动，甚至唱歌、多说话，在办公室里到处走动，对热量的消耗也是非常大的。就算在健身房里，也要把有氧运动和无氧运动结合好。

# 15. 好身材来自运动和坚持

练出马甲线，保持马甲线，这是所有的健身者梦想的事情。记住，实现梦想更重要的事情是坚持。在心理学上面有非常重要的一点就是心理暗示。它适用于所有的事情，包括健身。通过心理暗示，相信自己可以坚持健身，这比身体形成健身习惯还要重要。

我有一个理念：如果一天放弃，就会一辈子放弃。所以，即便是风雪交加，我也会坚持每天健身。

我记得在纽约工作的时候，有一个冬日，气温零下15度且伴着6级大风，这是唯一的一次，在纽约的中央公园跑步的时候，我没有见到一个人。很多时候，即便是凌晨2、3点去跑步，都能在公园里见到有人在跑步。而那天风很大，眼睛都睁不开，我边跑步边鼓励自己，如果我能在如此恶劣的环境下依然跑步，那么任何环境下，我都可以坚持。相关研究表明，如果希望养成健身习惯，就需要在心理上给自己激励的习惯，这种激励习惯，就是健身的心理触发器。举个例子，如果你经常告诉自己，健身可以给我的心理和身体带来积极的影响，那么，你就会积极主动地去健身，同时健身也会带给你愉悦的心情。

养成特定的习惯非常重要。例如，如果你把健身跟你早晨起来做的第一件事情挂钩，那么每天早晨起来，按部就班，你的身体就会被自动触发，也叫作激励习惯，你就不会觉得早起健身痛苦了。我每天凌晨4:30起床打坐，5点起来处理工作上的事情，6点准时去瑜伽馆做瑜伽，这已经成为身体的一个习惯。周末瑜伽馆6点不开门，我要等到8点，反倒觉得非常不习惯。后来我开始写作，每个周末的早晨可以写两篇文章，养成了一个新的好习惯。所以，这是身体的习惯和心理暗示的结合点。你也可以下班去健身，可以暗示自己：一下班就去健身，心情和状态都会更好。久而久之，你就会养成这种习惯。我们曾经在中国做过一个118名健康成年人评估自己的健康习惯的心理测试。我们发现，如果大家能养成非常好的心理暗示习惯，同时又能够定时定点地去运动，那么其中76%的人都会养成健身的习惯。

我们都很羡慕明星的身材和马甲线。但是，所有你看到的好身材和马甲线都需要付出汗水。我很喜欢孙俪，她是我们的客户。她说自己健身并不是为了现在看起来瘦多少，而是为了在50岁的时候，看起来仍然像30岁一样。所以，健身更是为了让身体经得起岁月的考验，对此，我也颇有心得。

因为我长期坚持健身，所以，我可以非常自信地讲，我现在43岁的身材跟20岁的时候没有多少变化，只不过身体肌肉的含量更多了。所以我一直说，自己的心情和身材像一个14岁的少女：内心是一个温柔美少女，身材也要像一个温柔美少女。

下面给大家推荐几个非常好的健身方法。

我建议大家早晨起来去健身，因为人在晚上的时候容易找到借口。例如很忙、有应酬、要谈生意，或喜欢晚上喝一杯。在开始健身的一段时间里，每天晚上我上床前都会穿上第二天的瑜伽服去睡觉，这样早上一起来就知道，我是要去练瑜伽的，让自己养成定时定点的习惯，同时也要告诉自己，如果你放弃一次，就等于放弃100次。

另外我发现，隔一天健身一次，或者一周3次健身，其实是蛮难坚持的。所以，我要求自己每天都要健身。大家可以根据自己的身体状况和对运动量的需求制定1小时或者2小时，也可以是15分钟的运动计划。在前面的章节，我介绍过15分钟健身的一些办法。

我是喜欢一个人做运动的人，不管是瑜伽、跑步、高尔夫、潜水、登山，这些都是可以一个人做的。有些人天生就是孤独的运动者，因为认为运动也是一种修行。但也有些人，不适合一个人去健身，他们特别适合跟别人一起运动。

所以我建议，如果你有你的另一半，可以跟你的另一半一起去健身。研究表明，跟自己亲密的另一半一起运动，往往坚持更久，而且对增进两个人的感情会有很大的帮助。还有一个特别有意思的报道，说跟伴侣一起去锻炼的女性比独自去锻炼的女性，要多减掉1/3的体重。一方面，跟伴侣一起运动，女性会比较有竞争性，多运动一些。另外，心情愉悦地去运动，也比较容易减脂。我经常看到早晨有夫妻俩一起做瑜伽，非常令人欣赏和羡慕。如果两个人能够同时早起去做瑜伽，瑜伽就会成为两人心灵沟通的纽带。

我的很多合作伙伴或者朋友，他们的事业非常成功，但是压力很大，于是他们大多比较喜欢高尔夫运动。打一场高尔夫通常需要5个小时，而且高尔夫球场在室外健康且自然的环境下，人会更放松，也很容易跟人敞开心扉。所以，我在高尔夫球场上结识了很多关系很牢靠的朋友。我发现很多聪明的女性，经常会陪老公去打高尔夫，在打高尔夫的5个小时里，两个人的沟通和交流会得到强化。打高尔夫是一种可以进行一辈子的运动，年纪越大越适合打高尔夫。对于心情急躁的人，高尔夫是一个特别好的修行。

我有一个理念：如果一天放弃，就会一辈子放弃。希望大家能够和我一起坚持健身，健身时的心理暗示很重要，告诉自己：你是可以坚持的，你是可以坚持一辈子的。

聪明的女人知道，自己的老公在事业发展到一定程度上，需要什么样的精神和身体上的锻炼，如果能够跟他一起来做合适的运动，那么对双方情感的帮助也会特别大。

## 16. 跑步会使小腿变粗？这真的只是你偷懒的理由

我身边有好多女性朋友说，跑步会使小腿变粗，并以这个为借口不去锻炼。这真的是你偷懒的一个很不好的借口。这里，我跟大家谈谈跑步的正确姿势。

我从小学的时候开始跑步，有一次生病发烧，还打着青霉素，也坚持去跑100米和400米，当然跑的成绩不好，到终点的时候就哭了。我在学校一直是校短跑记录的保持者，随着年龄的增长，现在趋向于长跑。在我接近40年的跑龄中，我的小腿没有变粗，而且还很纤细，有很多肌肉，看起来线条非常明了。在备战马拉松的时候，距离最长的一次是周末跑了36公里，但基本上每天都跑10公里左右。跑步是一个特别好的有氧运动，它可以消耗你身体的脂肪。这么好的减脂运动，为什么很多朋友在刚开始跑的时候会感觉自己的小腿变粗呢？可能是因为你的姿势不太正确，而且如果你过度依赖小腿，还会伤害到膝盖。

这里，我来跟大家谈谈：什么样的跑步姿势，可以让我们跑得正确，跑得快，跑得多，却还有非常纤细的小腿呢？

第一点非常重要，就是跑步前要拉伸自己腿部的肌肉。这一点开始时我做得不好，因为在纽约的时候，我都是很早起来去跑步，气温比较低，会特别急着去跑步，这样，很可能会使膝盖受伤。所以大家一定要记得，要想让小腿保持最佳的状态去跑步的话，一定要先做至少5分钟的拉伸运动。

第二点是注意姿式。有的人喜欢用脚尖去跑步。用脚尖跑步时容易使你小腿的肌肉绷紧，所以更容易使小腿变粗。正确的跑步姿势是脚跟一定要先落地，然后前脚掌再触地来慢跑。同时，双脚脚跟落地时，要尽可能地均匀，如果双脚用力不均匀，时间长了还会对脊柱造成影响。

第三点就是速度。我曾经认为跑得快减脂效果就会好，所以刚开始跑的速度特别快，后来才知道这个观念是错误的。快跑消耗的热量比较多，但是会对小腿造成一定的负担，慢跑和快走才是更好的减肥和减脂的方式。我跑步时会把速度控制在10 km/h左右，大部分的人应该将速度控制在6～8 km/h，时间则应该持续1小时以上。

第四点，跑步之后的伸展比跑前还要重要。一定要在跑完步后，把双腿架高，做好拉伸的运动，这样可以避免你的肌肉绷紧，同时还能够保持你腿形的完美。

跑完步后做瑜伽也是很好的伸展方式。我会做瑜伽的拜日式。因为拜日式有蹲起，可以拉伸到你的双腿后部，对于跑完步后的肌肉紧张是一个特别好的缓解。

我见过身边长期跑马拉松的人，大部分人的身材都是非常纤细的，尤其是腿非常健美，腹部平坦。坚持长期跑步，你的腿一定会很健美。

饮食非常重要。平时要多摄入纤维充分的食物，同时要补充高蛋白质的食物，这些对形成肌肉线条是很重要的。

坚持跑步吧！

跑步不会使你的小腿变粗，我和我周围无数跑者都可以证明，跑步可以使你的小腿变得更健美，慢跑更有助于形成腿部纤细的肌肉线条。

跑步还是一个特别好的社交方式，不管在上海，还是在纽约的时候，我都会加入到跑团中去。在跑团中，你会看到很多跟你一样具备正能量，喜欢运动，营养健康，有积极的精神能量的人，它能帮助你建立一个良好的社交圈，同时，改变自己对跑步认知上的不足。

如果你感觉小腿变粗，往往正是你的肌肉在形成的过程中，所以不要放弃哦！

## 第四篇

# 会生活

关注营养，让自己更健康。

最快乐的事情都是在简单之中。享受自然，享受阳光，享受新鲜的空气，你会更加快乐。

## 1. 再也不做健忘无脑女，你的饮食里只需要添点它

这一节谈谈补充DHA对人体的益处，以及怎么样补充DHA。大家可能会问，什么是DHA，听起来好专业。DHA是一种不饱和脂肪酸，主要提取自蛋黄、深海鱼油和深海藻油。你可以把它记作“大脑好啊”，D——“大脑”，H——“好”，A——“啊”。临床证明DHA对大脑记忆力和专注力有特别显著的效果。看过《一站到底》的朋友都知道，节目中问题的知识面特别广，需要上知天文下知地理，高手比比皆是。很荣幸我能赢得《一站到底》的冠军，这很大一部分要归功于我超强的记忆力。而我的记忆力之所以好，我觉得很大一部分原因就是由于我长期服用DHA。

我从事营养领域的工作和研究，一直都在服用VIVA藻油DHA。我曾经也有记忆力不好的时候，我记得在2010年刚到纽约的时候，我开始学习自己的第四门外语——西班牙语，在跟很多人一起上课的时候，我发现他们学习的速度都比我快，我意识到自己的记忆力有些跟不上，这让我特别受打击。所以我开始坚持每天服用900 mg的DHA，我觉得它

对我的记忆力的改善是很明显的。

阿尔茨海默症（Alzheimer，俗称老年痴呆症，记忆力衰退症）近年来在中国呈现15%的递增，它跟社会环境的压力、食物结构和中国人对这方面意识薄弱都有关系。及时补充DHA，可以在一定程度上降低阿尔茨海默症患病率，这一点在我的亲人身上得到过很好的验证。阿尔茨海默症的前期会表现为记忆力衰退，无法专注。这一疾病跟遗传基因有很大的关系。

我的外祖父去世的时候，他的阿尔茨海默症非常严重，不但认不出我的母亲，他连自己是谁都忘记了。我在纽约工作的时候，我妈妈来看我，我留意到她已经呈现出一些阿尔茨海默症的症状，所以我立刻给她买了藻油DHA服用。七、八年过去了，现在，我妈妈不仅记忆力和专注力得到改善，对事物的兴趣度和关注度也有明显的提升，身体状况也非常好。我觉得特别庆幸，找到了应对我妈妈出现的早期老年痴呆症症状的有效解决方案。

如果你的家族史中有人患有阿尔茨海默症的病症，那你就更应该在年轻的时候，就开始在营养、运动、心态上要特别留意，并提早补充DHA。

我在国际营养品公司帝斯曼工作期间，曾经考察过全球DHA生产的厂家和前沿研发中心。我们参观了藻油DHA发明和生产者马泰克公司。它的创始人是5位特别出色的科学家，他们最早是为了提升美国宇航员在特殊的环境下的心理和身体状态，为他们专门开发的藻油DHA。后来这款产品在很多的实验中验证到对孕妇、婴幼儿、成年人、老年人记忆力都有很大的帮助，所以就把这个产品加在婴幼儿奶粉中，同时又把它作为膳食补充剂用来提升人的记忆力。这5位科学家给我的印象特别深刻，他们每个人精神状态超级好，特别喜欢运动，成为我的楷模。他们每天都在服用大剂量的他们实验室里自己生产的500 mg一粒的超大DHA胶囊。

DHA对人体的关节也有特别好的帮助，对此我深有体会。我在跑纽约马拉松前的训练中，每天要跑10公里至24公里，最多的时候是周末一个上午跑36公里，我的关节没有出现任何损伤，我觉得这一定程度上受益于我长期服用DHA。很多研究和临床资料还显示，DHA能够促进胎儿和新生儿的大脑发育。

我们都知道吃深海鱼对记忆力、关节、心血管有好处。但是很多人可能不知道，深海鱼本身不含DHA，它是因为在深海中吃了富含DHA的藻类，才间接汲取了DHA。所以我更建议大家直接吃由藻类提取的藻油DHA，它没有污染、同时纯度又特别高。另外一方面，我推荐大家把DHA作为一种独立的膳食补充剂。在日本人的饮食结构里，吃各式各样的生鱼片较多，他们DHA的摄入量已经较高了，可是他们还主动通过膳食补充剂对DHA进行额外补充。我觉得中国人这方面还是需要多学习邻居，尤其是在国内，我们饮食中的深海鱼的数量不够，DHA摄入量不够。所以，我推荐儿童每天补充300毫克，成人每天补充900毫克DHA。

很多小孩子不喜欢吃胶囊，可以把藻油DHA胶囊挤破加到早餐中，也可以选择含有DHA的功能性食品。

膳食补充剂的选用，同样需要持之以恒，需要经过较长的时间才能看到成效。

我曾夺得2016年7月11日江苏卫视《一站到底》的冠军，我的小学同学看到电视节目后辗转找到我，他们的名字我都能想起来。虽然已经三十几年没有和大家联系了。

我们的大脑需要补充必要的营养，DHA能够促进婴幼儿大脑发育、改善成年人的记忆力和注意力，一般来说，通过膳食很难获得足够的DHA，所以大部分人需要通过膳食补充剂来补充DHA。为了更好地应对我们每天的工作和学习压力，让我们的大脑跟上工作、生活对记忆力、反应力等各方面的要求，建议大家和我一样坚持适量补充DHA。

## 2. 爱跑步，爱生活，爱马拉松

这一节，与大家讨论一下跑步和生活的关系，说说我跑马拉松的经历。

谈跑步和马拉松我可以讲十天十夜。一方面我从小就热爱跑步，另一方面，我周围跑马拉松的朋友特别多。除了我，周围还有很多朋友在很多国家的不同城市跑过马拉松，也有一些人已经参加过二十几次的马拉松长跑，更有一些非常疯狂的朋友还在跑100公里的马拉松。

我认为跑步是一件非常有意思的事情。我每到一个新的城市新的地方，第一件事情就是穿上跑鞋，到处跑跑看看，了解当地的天文地理和人物风情。跑步对我来讲，更多的已经是一种修行。

当然，并不是所有的人都适合跑步和马拉松。也许你不适合跑步，但是你可以学着欣赏跑步人的风景。冥想不见得要靠打坐和静修，有一些重复性的运动实际上能够让你的大脑更好地放松。我在跑步时，想通了很多人生中碰到的困难和很难解决的事情。甚至我的一些人生重大改变，都是在跑步中决定的。

我有过很多各式各样疯狂的跑步经历，那么，我是怎样决定跑马拉松的呢？虽然我从小就跑步，但是一直不确定自己能否跑马拉松。我在法国Insead学习的时候碰到了一个朋友，叫Sunny，她后来也成为我人生中的挚友。我见到她的时候，她42岁，已经跑了十三届的马拉松。我每天早晨跟她一起在法国美丽的森林里跑步，她鼓励我去跑马拉松。她说只要经过一定的培训，所有的人都可以跑马拉松，而且她对我特别有信心，觉得我肯定能跑马拉松的。

在Sunny的鼓励下，我暗暗下了决心，要经历一次跑马拉松的挑战。并且决定，如果跑马拉松，我一定要跑纽约马拉松。因为在我还完全不了解这个城市的时候，我就对纽约充满梦想。在Insead学习之后，我又去瑞士商学院IMD学习EMBA，在IMD的18个月学习非常辛苦，临近毕业的时候，我的心理感觉特别空虚，于是就跟IMD的几个挚友相约一起去跑纽约马拉松。

纽约马拉松在全球是非常知名的，在马拉松举办期间，整个城市就像一个大Party。纽约马拉松是在20世纪70年创办的，已经有48年的历史了，每年有近5万人参赛，但申请的人往往有几十万，所以要通过抽签才可以参加，中签率是非常低的。我决定跑纽约马拉松时，在中国还没有组团参加的形式，所以我必须自己在网上申请抽签（Lucky Draw），中签率是全球23%，我中签了！我想我之所以能中，应该是当年参加马拉松抽签的中国人不多，相对来讲中签比例就高一些。

准备马拉松的培训过程是非常辛苦的。纽约马拉松是在11月份进行，我从5月份开始培训。2009年的夏天上海非常炎热而且潮湿，所以我经常凌晨2点起床训练，跑2个小时，在太阳升起之前，也就是四点半之前跑完。由于经常世界各地出差，我有的时候就从机场跑回家（司机只接上行李），这些马拉松培训辛苦的过程，足可以写一本书了。

在跑马拉松的时候，我特意从上海飞到纽约，入住了中央公园边上我喜欢的酒店，我当时约定的德国的两个EMBA好朋友和他们的太太、孩子也一起赶到了纽约。

纽约马拉松全程要跑过300多个十字路口，所以在十一月第一周的周末这一天，整个纽约城市为马拉松专门布置警察，道路画了临时交通指示线。很多人会站在路口为跑步的人喝彩。整个城市都在为马拉松疯狂着。我当时也非常紧张，因为在培训阶段，我跑的最长距离是36公里，还没有全程跑过42公里。可是，在我站到起跑线上，当震撼的音乐响起，我感觉自己的人生达到了一个最嗨的状态下，身体也不由自主地跟着音乐而震撼跳跃。我至今记得非常清楚，在起跑线上，听到的那首歌，是我非常喜欢的《Empire State of Mind》，虽然周围所有的人都在准备起跑，但我一直在不停地跳跃着。

我的衣服背面写着“中国China”还画了中国的国旗。我希望我超过的、以及我身后的人都能看到，我是中国人。全程我跑了3个半小时，这个成绩对于我来讲非常不错。而且，我似乎还意犹未尽。在中央公园终点线，记得我当时特别惊奇，哦，已经跑完了吗？冲过终点线的时候我还问：“That's all？”大家都笑得不得了。纽约马拉松带给我们这种跑步的精神和快乐，让我一生都难以忘记。

那天我和好朋友、我的蓝颜知己Frank一起冲过终点线。令人心痛的是，他后来在以色列因脑溢血突然去世了。这对我的人生是一个特别大的创伤。

跑步可以带来积极健康的心态，身体的健康，还有更重要的精神层次的激励。如果作为一个跑者，希望尝试一次马拉松：我推荐你参加纽约的马拉松。也希望大家在跑步中，能遇见你人生中的挚友。

## 3. 生活有点平淡？来点刺激的运动吧

对于极限运动一些危险系数较高的运动，不同的人有不同的认知，我个人比较喜欢，因为我认为人生需要不同完全的体验，任何事情都需要尝试一下。

我喜欢滑雪，而且我会去滑一些非常陡峭的黑线雪道。在瑞士，最陡峭的雪道就是黑色钻石线（double black diamond），我曾尝试过这些不同的黑线雪道。我还喜欢夜晚的深潜和攀岩，我会去不同地方的岩石攀岩，或者在比较裸露的空旷区攀岩，甚至去攀登雪峰。当然，我也很喜欢跳伞的感觉。

为什么这些刺激的运动对人有吸引力？原因各有不同，但我喜欢富有挑战性的运动，就是为了增长一些人生的经历。在做这些运动的时候，对个人的自信心和专注力都有特别大的提高，我也十分享受这些运动挑战之后的满足感。

我记得有一次去法国挑战当时特别危险的山峰monte blanc，那时，我的滑雪技术还不精堪。在3600米的山顶上面，带队的一位七十多岁的法国教练，看到我从冰封往下滑的状态，非常生气，因为他认为我滑雪的技能还不具备安全地从上面一路滑到下面的能力，因为全程会经过很多非常陡峭又危险的山峰，他逼我坐缆车回去。我当然不答应，坚持要滑。心里就是决定死也不要中途放弃！在整个下滑过程中，有几次是跟险境只隔一臂之遥。在滑雪转弯时，有的地方如果速度不够快就会掉到悬崖里，而且没有任何保护措施。我战战兢兢坚持下来，滑到山底的时候，有种如释重负的喜悦感觉，觉得自己简直是捡回一条命。

我不会再重新做一次这样的冒险，我觉得经历一次就够了。

怎样才能精通一项运动？不管有没有天赋，坚持是最重要的。我是在32岁的时候第一次学滑雪。到了瑞士之后，每一个周末，我都会凌晨起来开车去滑雪的地方，8点半准时坐在第一班的滑雪车里，傍晚最后一个从山峰上往下滑。在这样高密集度的训练下，仅仅一个冬天，我就把滑雪学得非常好。每到冬天，我都会去瑞士的Zermatt待一周，连续滑七天雪，我不喜欢那种“社交型”的滑雪。我只是傻傻地专心致志地滑雪。

潜水也一样。我做帝斯曼中国区总经理时，几乎所有的假期都选择去菲律宾潜水。一大早租一条船，一直潜到晚上，有时候半夜的时候也会去做海底夜晚深潜。在潜水上面也花了很多的时间和精力。

这两项运动需要投入非常多，都属于比较昂贵的运动。所以，选择运动，也要考虑自身的经济能力。

我认为参与极限运动，能够帮助我们突破自己的内心障碍，挖掘出自己非常大的潜力和能力，释放能量突破自我。

我不建议所有的人都去尝试极限运动，因为并不是每个人的心理和生理都适合做极限运动。极限运动对一个人正面的积极影响是很大，但是极限运动其实是有“上瘾”趋势的。一个人越做冒险的事情，就会越想再挑战另外一个极限。克制也是一种自律。

对于极限运动，在可控的安全范围内，不妨去尝试一下，它不仅可以帮助我们树立自信心，调动我们的潜力，同时还可以提高我们的专注力，完善我们的人生观。大胆尝试极限运动，对事业或者学习都是有积极影响的。

我有时想，如果有一天我的事业比较平稳了，我还会挑战哪一个极限运动？我还想再跑一次马拉松，也许是跑100公里马拉松。

## 4. 真正的快乐都在简单之中

2006年，帝斯曼总部调我去瑞士罗氏公司维生素总部所在地巴塞尔工作，离开了北京奢侈浮华的生活。从28岁当上科汉森总经理，而且把一个百年的企业引入中国，生意发展迅速，4年半的时间建立了工厂和稳定的客户关系，仿佛有很多的光环在自己的周围。

当时我跟我的前任比利时老公生活在国贸的公寓里。出入有司机，穿用都是名牌，出入的是一些非常浮华的地方。

到了瑞士之后，我首先意识到所有的事情都要自己做。瑞士的人工非常昂贵，即使CEO也自己开车。瑞士人只告诉我车在车库里，给了我一个信封和车钥匙，就什么废话都没了。

到车库把车开出来发现，对那里的路况完全不了解，我才意识到自己第一次开车非常危险。开到单向道还不知如何倒车，还不会给车加油……

从第一次加油，第一次穿着6寸高跟鞋在寒冷的室外自己清洁车……一点一点地学习，后来成为自驾高手。住进巴

简单

塞尔的动物园对面公司帮我租的楼房里，忽然发现没有衣柜。于是去买衣柜，发现瑞士的家具都太贵。第一次进了宜家。买了家具又发现，如果要让他们送货和安装，这2项成本加起来，比家具本身还要贵，所以我决定自己运回家来安装。多番周折最后完成了，很有成就感。

虽然瑞士人的平均收入是全球最高的，但他们的晚餐一般非常简单，通常是几片面包加一点奶酪（有朋友有客人的特殊情况下，当然也会准备合适的晚宴）。但整体来讲，瑞士人把更多的时间和精力放在享受自然上，去体验大自然带给他们的美好。周末的时候，城里特别寂静，很多瑞士人都会去森林里、去山间或去湖边呼吸大自然中的新鲜空气，我也养成了这样的习惯。当一个人在山林里徒步的时候，真正感受到，世界上最美好的东西都是免费的——清新的空气、灿烂的阳光和简单的大自然。

在瑞士工作的时候，我接触到一些瑞士非常大的百年企业CEO，像Norvartis的CEO George Gunn，公司给他配了非常好的车，为了环保，他几乎不开车，每天从苏黎世坐火车，然后再转地铁去上班；我熟悉的UBS银行的Chairman Peter，也是每天坐着地铁去苏黎世上班。这些身家百万亿的富豪穿着非常简单，很难得在他们穿的衣服上看到品牌LOGO。我搬家到瑞士时，带去了一些衣服、鞋、包和各式各样的奢侈品。但是在我周围的环境里，大家都不屑于穿这些名牌，觉得会被当地人认为是没有很好的教育背景的暴发户。所以在瑞士，我的这些所谓奢侈品牌的衣服和包，一次都没有用过。

其实人生只不过一日三餐（像我还只吃两餐），运动也只不过一个三尺长的瑜伽垫子就足矣。只有一个人真正享受自己简单的生活，才能把更多的时间放在心灵的美丽和灵魂的探索上。我很喜欢Norvartis的CEO George Gunn跟我讲的一个故事：他出生时比较贫寒，他说他父亲以前钓鱼，他叔叔是个商人，曾对他父亲讲，“你为什么不能走出苏格兰多赚一些钱”。他父亲问：“赚了钱干什么”？“你赚了钱可以买房子”，可以世界各地旅行。他父亲问：“那如果我买了房子去世界各地旅行之后，又能怎样？”他叔叔说，“那你就可以享受生活，可以度假，可以多花一些时间在自己喜欢的事情上面”。他的父亲跟George Gunn讲，“你的叔叔，虽然赚了不少钱，但是他不知道，我现在其实就在做自己爱做的事情——就是钓鱼，对于我来讲，这就是我人生最想做的事情，我每时每刻都在做自己喜爱的事情！”

George Gunn在跟我讲这些事情的时候，我们都是在全球知名的大公司里，一路从底层做到高层。所以这个故事对我的触动特别大。我意识到真正的幸福确确实实来源于最简单的生活。之前在北京生活时，跟自然的接触是非常少的。在瓦尔登湖里，梭罗就花很多时间跟自然、湖水、森林，和小鸟对话，他在船上吹笛子，去钓鱼，然后独自写下自己的日记。

在瑞士工作的那段时光里，每到周末，我都会去徒步。通常起得很早，5点多就开车进入到森林旁边。然后走一天，晚上再回来。或者，晚上就住在瑞士村庄里的民宿或小酒店里，酒店只提供必需品，没有一件额外的奢侈品，每个房间都简单淳朴而又自然，所有用品都是天然的材料。在那段时间里，我写了很多的日记，看了非常多的书，自己也在不断反思人生中真实的快乐是什么。

真实的快乐确确实实就是最简单的事情，而且不是钱可以买到的；大多数奢侈品跟我们的生活没有太大的关系。我在瑞士待了两年半，回国的时候我没有自己去搬家，而是让我的助手帮我把大部分东西送了人，只把一些必要的书籍和衣服搬回了中国。

最快乐的事情都是在简单之中。享受自然，享受阳光，享受新鲜的空气，你会更加快乐。这是我在瑞士两年半的生活中最深刻的体会。

奢侈的、不接地气的生活，不是我想要的生活。在瑞士这样的环境下，我经历了反思，我和我的前夫最后决定离婚。离婚是一个我周围人认为负面的事情，不过自我解脱能带来更多快乐，我认为是一件负责任的事情。

## 6. 世界这么大，女人你要去探探

这一节我想要谈谈我对女人探险的想法，以及我攀登非洲的最高峰乞力马扎罗山（Kilimanjaro）的经历。

我在瑞士读EMBA的时候，经历了18个月非常有挑战性的学习。那段时间，我的工作需要在世界各地出差，同时我还在做很多义工的事情，然后工作日每天要用2个小时，周末用全天时间学习EMBA课程。学习的过程也很辛苦，压力也很大，竞争非常激烈，有淘汰制。所以我在临毕业的时候，决定去攀登乞力马扎罗山。

在登山之前，我担心的不是体力，而是六天的时间完全不能够喝酒、每天晚上7点必须睡觉等要求。于是我问我的EMBA导师：你觉得我可以做到吗？他说，除非你做了，否则永远不知道你能做什么。我就和3个当地登山者一起出发了。

乞力马扎罗山是非洲的最高峰，海拔5895米，是一座休眠的活火山。可以看到古怪的火山上面的奇特的石头和火山上长的各种奇怪的爬藤类的植物。乞力马扎罗山1868年就被定为非洲国家公园，自然遗产保护景点。

我在登山的过程中的伴儿是一位来自新西兰的专业登山者凯利（Kelly）女士，她受雇于很多大的运动品牌公司来攀登世界上所有的高峰。她的身体非常健硕，人也非常酷，不说废话，我和她在facebook上互为朋友，但从不沟通。我们雇了三个当地人，负责背行李和给我们做饭，食物主要是肉食和意大利面，我长期素食、不吃肉也不喜欢意大利面，所以在整个登山过程中，我觉得异常的痛苦，原因来自于营养不足！

第一天出发的时候，一共有八个女人，但最后只剩下我和凯利两个女人，其他人都因各种原因选择了放弃。最后一天，我们住宿在4500多米的营地里，在凌晨一点，我们全部起床吃饭，饭又是意大利面，我拒绝吃，只简单吃了一点膳食纤维的营养棒便开始登山。周围完全是黑暗的，所有的人戴着头灯一个跟着一个。在攀登到5000多米的时候，我突然开始全身颤抖。这是因为寒冷使得我体内所有能量消耗很快，虽然我穿了四五层的棉袄，仍然冷得非常厉害，觉得浑身每个部位在发抖，手也在颤抖，同伴们特别担心，劝我停下来。但是我觉得既然要挑战，宁死也不能放弃，我一定要坚持到底。所以我坚决不肯下去。

这个时候很幸运碰到了一个苏格兰家庭的三口人，他们的儿子才15、16岁，他分给我了一半黑巧克力。我把这块黑巧克力吃下去之后，感觉又获得了能量，开始继续攀登。在太阳升起的时候，我和Kelly终于登上了6000米的高峰。

上山顶的感觉犹如在梦中一样。山顶异常寒冷，而我的大脑严重缺氧，周围都是冰川，即便戴着墨镜眼睛也很难睁开。我尝试着把墨镜拿下来，眼睛完全无法睁开。身体开始浮肿，陪行的当地人告诉我，不可以在上面超过15分钟，但因为Kelly要进行品牌展示，所以我陪着她在山上待了有半个小时的时间。山顶上的温度大概是零下30度左右。

下山很困难。路很难走，而且火山石激起的这些烟雾搞得自己非常狼狈。下山的速度很快，下到4000多米的时候，非洲的太阳已经高高升起，温度达到了零上30多度，所以在下山的一天中，我的耳朵由于受冻，碰到太阳就开始溃疡，整个身体肿得更加严重。下山后回到了Arusha，进入酒店的时候，已经整整五天没有洗澡。本来觉得每天不洗澡是一件很困难的事情，爬山的过程中已经想不到这些了。当天晚上的淋浴非常痛苦，因为耳朵有一些腐烂，焦灼地疼痛。之后，在酒店里还遇到了当地的男妓伪装成需要帮助的人的骚扰。整个攀登乞力马扎罗山的行程，对我来讲，犹如梦境一样，但在这整个五天中，没有任何喝酒、洗澡的欲望。

人有的时候需要脱离自己熟悉的环境，而且永远不要觉得自己不能做什么，只有你经历过，才知道人真的有太多的潜力还没有被开发出来。

攀登非洲最高峰乞力马扎罗山的过程中，我写了很多日记，也对自己的人生目标有了更加明确的想法。

## 7. 在享受旅行的同时，如何保护自己

在旅行中如何能够更好地保护自己，我有无数的经验和教训可以跟大家分享。先跟大家讲几个我遇见的比较危险的时刻。

我第二次去巴西南部的圣保罗（São Paulo）出差的时候，酒店前台的服务生告诉我，不要离开自己所住的花园酒店周围的区域，这里是富人区，比较安全。但是我认为到一个城市，一定要去当地人最集中的地方，才能感受当地真正的文化特色。于是，周末我还是决定去农贸市场和历史古迹逛逛。

那天，我先去了一个色彩缤纷的热带水果市场，在市场里我用iPhone手机照了一些照片，然后走上一条非常宽阔的大马路，准备去一个古老的图书馆——一个非常著名的建筑。突然之间被一个棒子击在后脑勺上，我在醒过来的那一刻已经躺在了地上。有两个小伙子正在抢我斜挎的包，他们把背带切断，然后在用力地拉。我下意识地就往回拽我的包，因为我的护照、手机和所有重要的东西都在包里。

但是，我实在拽不过这两个小伙子，他们拿了包开始跑。我下意识跳了起来，向那个拿着包的小伙子追去。我想，与其束手无策，护照、钱包、信用卡和身上的东西都被他拿走了，不如追他吧！权当锻炼了。我一边追，一边喊：HELP！HELP！HELP！但是大街上所有的车和摩托车没有任何一个停下来，因为在巴西，被抢是一件见怪不怪，最平常不过的小事。我一直追出去了很远，我都已经觉得有点绝望了，因为这个小伙子越跑越远。结果很幸运追到一个小胡同里，我的呼救声引起了正在教会里参拜的一群人的注意，他们听到喊声下来，在一个非常狭窄的街道把这个小伙子给堵住了，这时，警车也开了过来，便衣警察下来。那个小伙子把包扔了出去之后被抓住，搜他的身上发现他只拿了我的iPhone手机。警察问我是否愿意跟他们去报案，如果我不报案的话，警察就会当时把这个小伙子放了，但我想这样的人就这样放了的话，就会伤害更多的人，而且他说了专门抢中国人的那句话让我非常反感，所以我就同意跟警察一起去警察局。当然，这个闹剧有很多情节。我们从下午四点一直到晚上9点共走了四个警察局，因为大家都不愿意接这样的事情。

被抢之后是否应该反抗和追？我所有的朋友、包括警察都跟我讲，我真不应该反抗和追他，因为我有可能会成为枪杀案的受害者。其实事情发生时，我在下意识中已经做了一个判断，我认为他身上是没有枪的，如果有枪的话在我反抗的那一刻，他们就会拿出来吓唬我。所以，遇到类似的突发事件，要在第一时间做出判断，毕竟在巴西这样社会治安不稳定的地方。当物品丢失或被盗后，找当地警察报案可能更安全。从这件事中我学到了几点经验和教训。第一，要充分了解所在城市的安全状况，重视酒店、当地朋友的安全提醒。第二，告诉你的亲朋好友你的行程。第三，到一个陌生的地方，要仔细观察你周围的环境。第四，要买保险。我知道自己经常飞往世界各地，有时还会做出些疯狂的事情，所以我一定会买保险，公司也给我买了各式各样的保险。第五，穿着打扮要跟当地人接近。现在，中国人的这张脸容易成为抢劫犯的目标，因为中国人身上大多带着现金、不反抗，所以，不管是在巴黎、在伦敦，还是在巴西圣保罗，都容易被当地人抢劫。

旅途中遇到恶意骚扰怎么办？我在各地旅行，经常会面对一些人恶意的骚扰，最糟糕的就是在北非一些国家，那里有些男性对女性非常歧视，经常会骚扰你，有的时候不只是言语，甚至是肢体暴露等低级或者非常恶意的骚扰。我通常都是采取漠视的态度，因为我觉得不痛不痒，就当他在自娱自乐而已。另外一点很重要就是知道怎样呼救，我会很多国语言的“救命”，能够用当地语言大声地呼救是非常重要的。

最后一点，我希望大家尽可能不去危险的地方，我的这种过度地追求冒险的事情并不值得提倡。

我在南非旅行时，还曾经被一个黑人锁在了洗手间里。当地黑人男性中艾滋病患者的比例高达75%，当时情形非常危险。在这种情况下，我很机智地跟他说，我的导游正在外面等我。这个黑人半信半疑。他也在最短的时间内做了一个判断，他不想冒险出门时被抓，所以他又把洗手间的门打开了，我飞一般地逃了出去。这件事后我总结出来的经验教训就是：在比较乱的地方，要尽量结伴而行；进洗手间的时候，一定要跟另外一个人结伴，或者让她在外面等你，千万不要一个人去卫生间。

一个人去那些不太安全的城市旅行，是有很多风险的。增强自我保护意识，不任性冒险，其实也是一种自律。

我的经历有很大的侥幸，所以，也希望大家从我这些看似可笑，甚至有一点小愚蠢的经历中，学习到一些保护自己的措施。

# 8. 我喜欢的城市：纽约

在35岁之前我已经去过50多个国家。在不同的地方工作、生活和旅行，让我了解了世界上其他地方的不同的生活方式。这里，我想跟大家分享一下我喜爱的城市——纽约。

在我非常小的时候，家里还没有电视，有一次经过一个小卖部，看到电视里面播放着一个城市的中央公园的园景和周围的楼房，当时我就想如果能生活在这样的城市，肯定是非常幸福的人。后来知道，那里就是纽约。第一次去纽约，是我在科汉森中国公司做总经理时，去美国参加培训。在培训结束的时候，我的好朋友开着一辆跑车，拉着我从新泽西州一路开到了纽约的时代广场（Times square）。

当时我们完全没有经验，订的酒店就在时代广场旁边。到了那里才发现，开车进时代广场是一件非常困难的事情。后来才知道，大多数纽约人一年都不会经过时代广场，他们认为只有游客才会去时代广场。

我就这样傻傻地选择了一个著名景点旁边的酒店，而且竟然开车到达，后来发现每天停车费用和住酒店的费用相差无几。这是第一次进纽约用钱买来的经验。

第二次亲近纽约这个城市，便是我跑纽约马拉松的时候。在跑马拉松过程中感受了整个纽约市的五个大区，最后从第五大道进入中央公园，我当时的感觉就是，太喜欢这个城市了，并决定一要我来这个城市生活一段时间，而不仅仅是作为游客。我清楚地记得，那天马拉松跑到一半进入到运动极限点时，感觉有可能就坚持不下去了，当时我就告诉自己，如果连纽约的马拉松都坚持不下去，怎么可能在这样一个神奇的、充满能量、充满一切可能性的城市来生活呢！所以马拉松坚持下来了。

我认为纽约是世界上特别适合单身生活的城市，适合有钱的人，也适合没有钱的。来自世界上各行各业的出色的人汇聚在这里，很多人都说它是一个大熔炉，但我一直把它当作“沙拉吧”，非常健康，非常阳光，你在这里可以选择各式各样不同的菜，不同的调味品，混拌成一个色拉，有你自己特色的色拉。纽约有无限大的可能性，无限多可汲取的精华，又是一个非常无情的大千世界，每天都上演着无数的悲欢离合。来自世界各地不同种族的人，聚集在一个非常小的小岛上，使得纽约像万花筒一样，每一个层面都展现给大家不一样的色彩、不一样的魅力。

纽约这个城市，赋予了每个人不同的能量。我只要一回到纽约，随着早晨纽约灿烂的太阳射进我的卧房，我会一天都处在特别兴奋的状态下。在纽约，单身的你每天可以享受各式各样的不同的艺术、运动，有机会交往世界各地的精英。而我在纽约每一天从早到晚做很多不同的事情，晚上也有非常多的选择，学新知识，跟很多有意思的人去交流……纽约又拥有一个金融家的终极梦想——华尔街，我们的办公室也在华尔街。华尔街有非常出色的投融资专家。

纽约又是一个自由的城市。你可以以各种状态出现，别人不会很在意你的言行，不会在意你的行为方式、你的穿着。你可以是多性恋者，你可以赤裸着上身，可以穿着睡衣去公司，可以有各种饮食习惯，你可以住在大街上，也可以住在中央公园附近的高档公寓里……，别人都不会在意你，每个人都在以自己喜欢的方式来生活。

我是一个追求自由的单身，所以，我特别喜欢纽约这个城市，甚至希望一直生活在纽约。我认为人的一生中如果有机会，要去纽约一次。纽约给你提供了各式各样的可能性。

# 9．学习语言的乐趣和窍门

这一节，我们谈谈学习语言的乐趣和一些窍门。

我会讲英语、法语和西班牙语。学英语是从初中的时候开始的。当时每周只有一堂英语课，也没有外教这方面的资源。但是我特别感兴趣。我在学习物理、化学、生物觉得比较累的时候，把学英语当作一种休息，一种娱乐的方式，所以兴趣是第一位。

上大学的时候，我自告奋勇担任了学校的英语俱乐部主席，强迫自己在公众场合用英语来主持活动，这对我个人英语水平的提高是非常重要的。另外，毕业后，我作为管理实习生进入雀巢公司。当时雀巢管理层的人都是外国人，在大会上如果你不能够用英语很好地表达自己的想法，你连说话的机会都没有，所以我总是要求自己第一个发言表达自己的观点，这对我的锻炼也非常大。之后去英国留学，就更不用讲了，英语慢慢地成为我生活的一个基本工具。

现在我回国创业，尽管工作环境要求我尽可能地去英语化，我仍一直坚持用英文写日记。

# 语言

学习法语，是在我离开百事公司回到北京休息的那段时间。我是一个闲不住的人，就决定开始学习法语。虽然我的前任老公是比利时人，他的母语是荷兰语和法语，但在夫妻之间是没有办法学习语言的，所以我上了两个学习班，一个是中国式的专门补习法语基础的；另一个是法国教育机构的法语培训课，它更多的是练习口语。我每天都会花5-8个小时来学习语言，在非常短的时间内，我的法语突飞猛进。后来在科汉森做总经理，工作非常繁忙，我就每天早晨早起，花一个半小时来学习法语，坚持了很长的一段时间。

调到瑞士工作的时候我又遇到了挑战。巴塞尔讲德语，公司要求我们学习德语，还给我们派了老师。于是，我早晨提前进公司，先学习一个小时的法语，再学习一个小时的德语。当时准备要念EMBA，所以要考GMAT，中午再学习一个小时GMAT。这样坚持了很长的一段时间。后来我去了洛桑学EMBA。课程非常紧张，晚上大家经常熬夜，竞争很激烈。中午大家吃饭的时候，我就把饭带到教室里，请了一个法语老师，每天中午学习一个半小时的法语。在三年的时间里，我就可以熟练地用法语跟周围的人做社交型的沟通。

学习西班牙语是我去了纽约之后才决定的，因为在整个曼哈顿上西区，我周围的商业环境中，从墨西哥餐厅的服务员，到小卖部的老板，都是拉丁裔人，他们都讲西班牙语，而我对拉丁文化又充满了向往。所以我要好好学习西班牙语。当时工作比较忙，每天要开车2个小时去新泽西。我就决定早起。规定自己每天早晨必须学习一个小时的西班牙语，周末的时间我会去上西班牙语的课，同时还结交了很多拉丁裔的人，强迫自己和他们用西班牙语交流。

我周围很多的朋友，像我的好朋友Sunny，她自己精通五门语言，会讲八门语言。我觉得，一个人多会说几门语言就相当于你有几个不同的人生，只有在用对方的语言沟通的时候，你才真正了解对方的文化背景，以及对方文化中最有价值的精髓。

用每天早上的时间学习外语，坚持下来，花一万小时在所学的语言上，你付出的功夫一定有回报。

任何一门语言都有着语言本身所代表的文化，不管是英语所代表的英美文化，还是法语所代表的法国和法语殖民地的文化。而西班牙语对我吸引最大的，就是拉丁美洲的简单放松，有酒有音乐的简单人生。只有你对语言背后的文化非常感兴趣，语言才能学得快。当然，学习语言也有一些小窍门，例如结识当地的朋友、住在当地人家里与房东多交流，用好联想法等等。这些，要根据自己的情况在学习过程中不断总结和实践。

来吧，学习一门语言，打开一扇了解世界的大门，练习练习再练习。

早起

# 10. 早起，偷来的时光

本节，我们谈谈早起的习惯。俗话说，早起的鸟儿有食吃。我感觉早起有非常多的好处，有调查显示，早起的人情绪更加稳定，而且精力更加充沛。我没有晚于6点起床的时候，通常我4点起来打坐，5点准时和美国的同事连线工作。刚到纽约的时候，因为每天要开车去新泽西，所以我会非常早就起来学习西班牙语，然后去中央公园跑步，在7点的时候准时开车离开纽约去新泽西上班。睡眠时间并不多，但觉得自己一整天都处在一个精力特别充沛的状态下。

早起让人的心情非常快乐。有研究显示，有着快乐心情的人，随着年龄的增加，早起的趋势就会更加明显。早起的人自我感觉良好，我想是因为早起的人相信自己是有食吃的，所以给了自己一个特别的心理暗示。我去世界各地出差旅行时，每到一个城市，我都会早早起来，穿上跑鞋出去跑步，感觉这个城市的阳光和无穷的能量。我们知道的一些名人，例如巴菲特，每天6点多就会起床看各式各样的报纸；乔布斯也是每天早晨6点就开始一天的工作。这些良好的习惯或许与他们的成功有直接的关系。

我的家对亲近的来旅行的朋友们是开放的，他们经常出差旅行会住到我的家里。我的一位与我在一起住了三天的朋友对我说：“我瘦了”。因为我早起带动他也早起。

早起的人免疫能力更强一些。作为营养领域的研究者，我深深地了解，不管是从中医还是西医的角度来看，早起的习惯都是有益于健康的。早起的人更有可能早睡，而如果你睡得非常晚对免疫力是有负面的影响的。因为我每天6点到8点要练瑜伽，所以我每天晚上争取在11点之前睡觉，这要求人有很强的自律性。我经常晚上会和朋友、合作伙伴吃饭、喝酒，很容易熬夜，但因为我要早起，所以我有很充分的理由跟朋友们讲我10点一定要回家，11点准时上床睡觉。

早起还能帮助我们控制饮食。有一项研究表明，相对于早睡的人而言，晚睡的人在晚上会多吃248 卡路里的速食食品。这些多摄入的热量可能会使你每月长5公斤肉。所以，减肥人群一定要争取早起早睡，早睡可使你少吃不健康的食物，避免肥胖。

早起能够养成健身的习惯。我很佩服的成功的企业家李嘉诚先生，他每天早晨起来都会锻炼一个半小时，他的锻炼比较温和，是适合他这个年龄的高尔夫、游泳等。如果能早起，养成锻炼的习惯，你身体的生物钟也会随着它来旋转并被调整到这样的状态下，那自然而然，你就会养成早起早睡的良好习惯。

早起的人，肥胖的几率要低很多。对于青少年，即便他们睡得晚一些，如果他们坚持早起，他们的体重也可以保持在一个最佳的状态下。

坚持早起，是需要自律的。我认为，如果我们不能控制自己的时间，控制自己的自律性，那就很难坚持去做更有挑战的事情。所以我不管晚上睡得多晚，早上都要按时起床。

在我的朋友圈里，我每天4点开始打卡，来唤醒大家起床做运动，我相信，只要你能坚持21天早起，你就可以一直坚持下去。添加我的微信（微信号vivagrace，或扫描封面折页处的二维码），可以和我一起自律打卡。

自我管理从早晨开始；自律，从坚持早起开始。

有很多成功的人都有早起的习惯，早起可以让自己有更积极的能量，更快乐的心情，提高免疫力，同时还能保持一个更健康的体重。

## 11. 瑜伽，我热爱的女性修行方式

人生中有很多让我觉得特别快乐的事情，而瑜伽就是其中的一种。我每天早晨6点到8点固定时间与朋友一起练阿斯汤加瑜伽王。这是一个固定的体式系列，每天重复练习，我认为这是人生的一个修行。

前面的章节我已经讲过，瑜伽的好处是非常多的。像巨星麦当娜，即便已是两个孩子的妈妈，身材依旧十分完美，得益于瑜伽给了她特别多的帮助，使得她不仅仅身心健康，同时也保持了好身材；美国前第一夫人米歇尔在50岁时也开始了瑜伽的练习。

在这里讲讲我的瑜伽心得。我觉得瑜伽并不是一个简单的身体上的运动，身体锻炼只是第一步。瑜伽包含四层，第一层是身体，第二层是头脑，第三层是情绪，第四层是灵魂。瑜伽以练习身体为基础，培训你的大脑，提升你的情绪，并让你感受到灵魂的快乐。

练习瑜伽的过程中，身体会保持在一个非常健美的状况下，并使我们的脊柱挺拔。脊柱对女性的健康是基础性的，

如果你的脊柱不健康，那根本不可能有一个健康的身体。

瑜伽有助于大脑的健康。由于瑜伽能够充分提升自我意识，调动其身体的潜能，它使得我们心理上和身体的潜力达到和谐统一，每天早晨做拜日式，可以让你的身体跟大脑达到一个最佳的平衡点。

瑜伽有助于人对情绪方面的控制。我们都知道，长期练瑜伽的人，情绪更平和更快乐。美国已开始在监狱里面让囚徒练习瑜伽，结果发现能非常好地帮助他们冷静下来，降低他们的侵略性。

第四点，瑜伽运动使得冥想和肢体达到一个结合点。在冥想的过程中，不仅仅帮助我们缓解压力，放松紧张情绪，甚至让我们觉得任何问题都不成为困难。我在这么多年的工作或创业过程中，压力和困惑常常是超越常人的，只要走进瑜伽室，我就觉得任何的困难都没有什么大不了了。在瑜伽的过程中，汲取到很多的能量；在冥想中，即使没有用房去想事情，往往结束后很多事情变得比较通透，自然而然会有事情的解决方案。

瑜伽是一个非常“自私”的运动，它要求你把全身心都投入进去，甚至感觉不到身边与你一起练习者的存在。全身心关注自己和宇宙的关系，才可以更好地为他人服务我每天第一个走进瑜伽室，全套的体式，按照自然的流程进展，2

个小时很快就过去了，这对奠定一天高效的工作是一个最好的开始！

我一直在想，如果有一天我能够有大段时间不需要做我现在的工作，那我就去印度修行。印度有一个瑜伽中心（Isha yoga center），我非常欣赏他的创建者Saguru的理念，即通过瑜伽让自我内部产生能力。我一直在反反复复学习他的书，却没有机会去他的瑜伽馆修行。我去过很多国家、很多城市，但凡可以做瑜伽的地方，我都会去体验当地的瑜伽，通过了解当地瑜伽的文化，也能更深入地了解不同地域的瑜伽练习者的状态。

练习瑜伽，感受身体与心灵的合二为一。

身体的层面，它会使你的形体变得更加的优雅健美；从精神层面，它会使得你更加快乐，心情变得更加平和，让你散发出由内而外的美丽。

阿斯汤加瑜伽非常难，不建议大家一开始就练习这么难的瑜伽体式，但是基础的拜日式每个人都是可以做的。

# 第五篇 会恋爱

自律地生活，自由地恋爱。

在漫漫人生旅途中，遇到一个人，为了他，我渴望成为更好的自己，这个人，就是我最理想的伴侣。

# 1. 婚姻不应该是人生的全部

这一节，我们聊一个比较严肃的话题，关于婚姻。

婚姻是不是人生的全部？我自己认为，婚姻不是全部，但是婚姻是重要的。我在29岁的时候结婚，但是又在32岁的时候离婚了。因为我意识到那段婚姻并不适合自己，但我对那段婚姻生活也从来没有后悔过，因为确确实实有了非常多的人生体验，能够从对方的身上看出自己的所长和所短。

随着社会的发展，有越来越多的女性认为婚姻宁缺毋滥，很多大龄的女性，即使被叫剩女，也不愿意降低条件，这也是因为女性越来越独立。

在韩国，不结婚，甚至没有男朋友的大龄女性随处可见，而且，她们还有一个称呼叫“金女（Golden Miss）”，就是指非常独立，有钱，有事业，有朋友的单身女性。我在纽约也认识一些单身女性，有的还是单身的妈妈。她们没有“剩女”这样的概念。这都是现代女性的特点，独立自主，有很强的自信心，而且能够面对来自父母和社会的压力，做出自己的选择。

# 价值观

我不是一个无婚论者，如果不结婚，也许你无法真正弄清楚，自己的人生到底要的是什么。我认为，如果步入婚姻的话，特别重要的是，婚姻中的两个人都要不断地提高自我。

我的前夫是一个比利时人，也是我在雀巢公司时的前同事，他来自一个非常富有的欧洲家庭，天生条件比较优越。结婚初期，我感觉他懂的和见过的事情都比我多，对他很是仰望。婚后的几年中，我努力进取，学习和经历的事情更多，提高的速度明显比他快。当双方不能在同一个频率上一起往前走时，就会产生很多矛盾。

另外一点就是要有一些共同的兴趣，有共同的价值观。例如双方都喜欢打高尔夫球，喜欢一起去旅行，这些会对婚姻的成功有特别的帮助作用。而什么是共同的价值观？大家都喜欢住五星级酒店，这并不叫共同的价值观，如果有条件的话，谁不喜欢住高级酒店呢。共同的价值观，是指你们对人性中一些根本的价值有认同感。例如双方都认为应该帮助更多需要帮助的人，都认为钱要花在经历上而不是物品上，等等，这叫共同的价值观。

婚姻是否成功，跟我们的父辈对我们的培养，以及我们父辈的婚姻是否成功也是有密切的关系的。我们的婚姻观，将来从我们的孩子对待婚姻的态度上也可以反映出来，也会影响他的婚姻。

我认为，结婚是非常好的事情，但是离婚也是一个不错的事情。因为敢于离婚的人往往有勇气改变现状，追寻更适合自己的方式。我有不少离婚的朋友，离婚又多是女方提出的，这可能是一个特别错综复杂的社会问题。可能很多男人总是觉得，只要家庭能够维持，即便自己有外遇，那也不是一个大问题；或者是因为男人离婚的时候付出的经济代价会非常大。

我非常欣赏伊丽莎白一世，她被戏称为“工作狂女王”。她到了年纪非常大的时候，还有年轻的伯爵疯狂地追求她，并不是在于她自己的地位，更多的是在于她运筹帷幄的自信心，在于她的雄才大略。这种光芒可以掩盖她的年纪，而且爱情，真的是跟年龄不是特别有关系。

我也非常欣赏王菲。她经历过几次婚姻，但是从来没有把婚姻当作自己的一切，她一直在不断地修炼自己独特的人格魅力和艺术造诣。

婚姻对于每个女性都是很重要的。婚姻适不适合自己，不结婚无法知道。如果适合自己，那就要坚持下去，当然在这其中要做出非常多的努力。如果婚姻不适合自己，要勇敢地选择更适合自己的方式，离婚也不是什么坏事。

我认为，女人要活得好，要活出自信，才会有好婚姻。虽然我非女权主义者，但是这句话听起来可能有点女权主义。

## 2. 享受单身的快乐与美丽

如果你现在是单身的话，如何享受单身的甜蜜和美丽？

自2007年离婚之后我就一直是单身，已经10年了。在这期间，我先后在巴塞尔、上海和纽约等多个城市生活。

单身有很多好处。纽约有一句俗语说“你单身或你有钱，都可以无限享乐”。这也从另外一个角度反映了美国社会对单身的认可度。中国的人口普查显示，30岁以上的女性单身比例越来越高，其实这是一个社会向前发展的标志性指数。但是单身不代表你就会很快乐。在单身中如何更好地提升快乐指数，重要的一点我认为必须要学会爱自己。其实婚姻是非常困难的一件事情，在婚姻中的每一个朋友都知道，管理一个婚姻也是一个修行的过程。但是如果你是自己一个人，当然避免了婚姻中必须考虑对方的“麻烦”，可以有更多的时间专注在自己身上。

我认为爱自己有很多种方式。其中之一就是不断提升自己。不管是在知识层面还是内心层面，要不断丰富自己，修炼自己，要有自己的爱好。我的爱好很多，健身、读书、结交朋友、美食、旅行、冒险，等等。或许有些单身朋友觉得自己只是一个圆圈里的一半，觉得缺少另外一半就缺少点什么东西，不圆满。其实无所谓，你即便是觉得自己多么不完美，你都可以无条件地爱自己。真正的爱情是对对方无所求，是无条件地爱。同样，爱自己也是无条件的。不管自己有没有达到学业上的目标，有没有找到需要的感情，也不论事业发展到哪一步，只要你能够接受现在的自己，所有的外在东西都不重要。

在爱自己的同时，特别重要的是知道自己要的是什么。有的时候很多朋友特别纠结，既想要爱情又想要独立；既想要婚姻又想要事业。我认为一个快乐的人从一开始就需要特别清楚，如果自己想单身，就要接受单身所带来的所有——正面和负面。例如你的钱可以自己花，你可以花很多时间来提高自己，发展自己的爱好，你不需要顾全对方太多的感受、照顾对方的父母，同时你也不需要按照对方的要求或者对方的标准来重塑自己，这些都是单身的好处。当然，也不要纠结一个人的孤独这样的状况。

其实，中国女性对抗孤独的能力是非常强的。因为在国内，我们大多数时候处在一个拥满了人的大环境中，而我们要面对大家庭这样的传统文化，所以其实很难得能够安安静静拥有自己的时间，所以孤独就不会那么可怕。

我个人特别享受单身生活。自从意识到自己不适合婚姻，我就决定去适应并享受单身的状态，享受自己的工作和事业。我特别喜欢自己现在的这份事业，并且决定将自己的一生奉献给营养事业，带给更多的人更好的健康理念和营养品。现在，我可以把所有的时间、精力和我的资源都奉献在这个事业上面，如果不是单身，很难做到这一点。如果我有家庭的影响和负担，恐怕很难有勇气放弃高薪的工作，放弃纽约，回国来从零开始创业，所有的这些都是单身带来的正面的影响。

第二点让我享受单身的原因，就是因为我周围有非常多的朋友。我在业余时间喜欢和一起创业的朋友或者其他朋友来分享人生的心得，帮助彼此拓展事业，还可以倾听彼此的倾诉，给对方带来一些安慰。在工作的时候我特别喜欢我的伙伴们，大家更像家人，跟他们的相处非常真实，不需要刻意做出一种姿态。我事业中的很多投资人、合伙人也都是我多年的好朋友。对于情感的需求可以来自于不同的方面。

一个人在寻找伴侣的时候，很多都是基于社会的要求、基于情感的要求，或者基于经济的要求。但是对于单身的人来讲，如果你能够平衡这三方面的需求，你就会享受单身的过程。

爱自己，清楚自己想要的是什么。如果你选择单身，就要接受单身的好处与坏处，建立作为单身的快乐的情绪，学会享受单身的快乐与美丽。

有自己喜爱的事业和爱好，有较多的好朋友，都可以弥补单身在情感上的空缺。

## 3. 看尽繁华，陪伴你走完人生的他应该是这样

看尽繁华，需要明白适合你的另一半是什么样子的

我经历过婚姻，也经历过离婚，在非常多的国家里与各行各业的男士们，不管是作为朋友、同学，或者是生意伙伴，都打过很多交道，见过各种各样的男人。

2014年，我在纽约举办IMD学校的年度论坛。年度论坛的参会者有90多个人，都是在纽约各方面背景资深的人，尤其是驰骋商海的精英。会上我们请了一个非常出色的美国人质专家，也是知名心理专家，来讲人性的安全点。当时，心理专家先做了很多预热活动，让大家能够敞开心扉。然后，问我们大家一个问题，让大家结对讨论："你人生的安全港湾在哪里（是谁）"？所有的人都互相结对窃窃私语，我注意到只有瑞士大使，没有人跟他结伴，所以我就过去跟他结伴。

他用英语说"He makes me realizing a better myself"我当时听完之后，内心非常震撼。瑞士大使是个有

3个孩子的外交官，他放弃婚姻和自己的同性恋男友一起开始了新生活。这句话让我觉得特别动容。

如果你碰到一个人，为了这个人，你每天都不断地希望能成就一个更美好的自己。这个人，就是能够陪伴你走过一生的人。我肯定也愿意为此付出一切浮世繁华的东西。当然这个心路历程是一个不断成熟的过程。

在20岁的时候，我特别喜欢外表健美的男人，尤其是在社交圈很受欢迎的男人。这种男人社交能力强，会对女人特别有吸引力。

但是在我25岁到34岁时，我就实际起来。这个时候，很注重男人的事业和他职业的发展潜力。我嫁给了我的前夫，当时他是雀巢公司的外籍高管，非常年轻有为，家庭富裕，职场看似非常辉煌，所以我认为这样的男人是比较有魅力的。

在35岁之后，我去了美国，这时候我其实是倾向事业有成的人，尤其是在纽约这样精英荟萃的环境中，我觉得成熟男人的魅力就必须有非常成功的事业，虽然我的经济实力已经能够得到我想要的一切，但我还是更愿意和世俗上定义的所谓成功的男士接触和交往，所以这个时候是需要事业有成的绅士。

45岁以上的女人或许更会被有安全感的男士吸引，这时候，一方面女人对年轻的男人身体有很大的渴望，另外一方面，又希望男性能够给予更多的安全感，对财富的需求反而降低了。我不确定自己对身体和对安全感的要求哪方面更重要，有可能都不重要，但是我期望自己有一个蓝颜知己，这个蓝颜知己在心灵上能够和自己是完全契合的。

我有一个闺蜜叫Sunny，她是在美国长大的韩国人，是一位非常有品位的女士。精通多国语言，是荷兰一家公司的高管。她一直的生活态度是要做一个快乐的单身。她在自己55岁的时候，遇到了比她小22岁的一位来自印度的瑜伽教练，并很快嫁给了他。结婚之后，Sunny开始疯狂地练习瑜伽并变成了一个纯素食主义者，或许这种改变，不要说我们外人，就是Sunny自己也没有想到。

人生不设限，不轻易判断，永远开放式地迎接新变化！

在漫漫人生旅途中，遇到一个人，为了他，我渴望成为更好的自己，这个人，就是我最理想的伴侣。

希望朋友们都能找到想让你成为更好的自己的那个人。如果你已经找到了，一定要紧紧地抓住，变得更好啊！

# 4. 成为最美好的自己，婚姻不是儿戏

我见过很多失败的婚姻。但是今天我们更想一起看看成功的婚姻具备一些什么样的特性。

我首先想到的是女性的自信，甚至自恋。我比较欣赏的一个法国女作家，肯定很多朋友们都看过她的小说拍成的电影《情人》。在《情人》的小说里，作家杜拉斯曾经借助一个男人的口吻，描述自己的容颜，充分地显示了她的自恋。我觉得只有足够的自信才能自恋。她是这样讲的："对我来说，我觉得现在的你比年轻的时候更美，那时你是年轻女人，与那时的容颜相比，我更爱你现在备受摧残的面容。"所以只有这样的杜拉斯，她充分地相信自己非常迷人。我们都希望能够优雅地变老，尤其是对我这样马上步入45岁的女人，虽然我有一颗少女心。

其次是互相吸引。在上一节中讲到过，我的好朋友Sunny的老公是比她小22岁的一位瑜伽教练。我曾经在一开始持质疑态度，但是他们结婚之后的这几年非常幸福，就

是在于他们俩对彼此不同点的欣赏。我相信Sunny自身的成熟，商业上和自身修养上面的魅力吸引住了她的年轻的老公。她年轻的老公是个瑜伽修行者，他的这种纯粹和成熟的灵魂也吸引了Sunny，所以彼此互相吸引。另外一点就是两个人有共同的爱好，就是瑜伽，瑜伽能够把他们长期吸引在一起，而且花很多时间做自己爱的事情。这是我见到的比较成功的婚姻模式。

共同爱好非常重要。我还有一对朋友，女方是时尚妈咪的制片人，她的老公是个创业者，其实两个人的工作完全不一样，但是他们结婚12年了，非常幸福。他们两人都喜欢出去锻炼和健身，都喜欢徒步旅行。老公打球的时候，太太去健身房做普拉提。他们经常在一起运动，不仅仅激发了生活的热情，而且使得双方都处在一个特别正能量的氛围内。他们两个可爱的女儿也都非常喜欢运动，经常在家里扮演爸爸妈妈健身的样子，朝气蓬勃。双方都有正能量的共同的爱好，共同的目标，可以更好地改善感情，而且我相信也能够使得性生活更和谐。

关于性主题的交流。性关系和谐对夫妻关系很重要。西方的伴侣对性方面的思想感受会进行开放式的沟通，而在中国，即便是夫妻，包括我在婚姻中时，都很难跟另外一方说出自己在性方面的需求、以及有什么不一样的期待。如果夫妻之间可以对性这个主题进行比较开放的讨论，那么他们对整体的婚姻生活的质量也会更加满意。当发生不和谐的时候，能跟彼此开诚布公地谈谈自己的真实情绪，这对亲密关系肯定是非常有帮助的。

给对方更大的独处空间。如果夫妻之前彼此给对方很多独处的时间，对婚姻关系也是非常有帮助的。我的一个好朋友和她的先生都是商场上特别出色的商业精英，他们在周末的时候会一起在家里陪孩子，全部的时间在孩子身上，但是周一到周五两个人就各自飞，各自忙，所以他们有非常平衡的独处和共处的时间。能够更好地平衡独处与共处，有助于夫妻更加爱彼此，夫妻共处时，双方更加珍惜在一起的时间。

共同进步。在婚姻中，如果一个人提高和进步很快，而另外一个人原地不前，差距会使得彼此的爱慕之情消减。即便有亲情，但是没有爱情也是很难过的一件事。如果双方能够看到对方不断提高，或者自己在提高的过程中也能督促对方提高，这一点特别重要。夫妻经常一起去旅行，一起去电影院看看浪漫的电影，一起来一次烛光晚餐，这些都是很有益的。

我的婚姻是以离婚结束，这是因为我不适合婚姻，我想认清自己也是非常重要的。这个世界上有适合婚姻的人，也有不适合婚姻的人。

但是，我看到幸福的婚姻，并不受限于年龄，也不受限于国籍，更不受限于收入。重要的是要彼此欣赏，有共同的爱好，能够共同提高。如果对性这样的主题也能进行开放的交流，相信这样的婚姻关系一定能更加美好。有孩子的婚姻世界则更加完美。

# 5. 跨国婚姻有什么不一样

今天谈谈跨国婚姻，包括和西方人谈恋爱结婚有什么不同。我有过一段跨国婚姻，我在工作和生活中，也接触过非常多的来自世界各地的男士，他们大部分是接受过良好教育的西方男人。另外，我周围的亲朋好友中，跨国婚姻的家庭也很多。

作为中国女性，你接受不接受跨国婚姻？

我刚开始考虑婚姻的时候，自以为了解自己的人生要什么。我觉得生个混血宝宝这事特别能打动我。我跟我的前夫比利时人G在一起时，我觉得有新鲜感，很浪漫，与众不同。他所处的文化背景和家庭，都带给我非常多的新鲜感受，使我能够在短时间内获得非常多的不同的人生经历。现实地讲，他作为外籍员工，在中国享受非常好的待遇，这一点也让我们的生活质量高一些。

当然，我周围也有很多女性朋友非常抵触和外国男性谈恋爱，理由更是五花八门的，有些还有一点可笑，比如觉得他们有体味，害怕语言文化不通，等等。但是所有这些都不是最重要的，最重要的还是我们自己愿不愿意接受异国恋。一旦要接受的话，很多不同点也会变成优点。

西方男子喜欢什么样的女性？以下观点，是根据我自己的经历、体会而言的，所以带有一定的主观性，也难免以偏概全！

欧洲的很多男人更主张男女平等，所以，他们觉得一个独立自信、健康、阳光、成熟的女性更受人喜欢。

另外，欧洲的男人对女人的自身修养，行为举止是非常在意的，例如你在吃饭的时候是不是会发出声音，是否会使用西方的餐具，你是不是很注重细节，穿着干净，整洁，言谈举止得体，能够优雅地与人沟通。

而美国男人在乎的往往与欧洲男人又不完全一样。我感觉，美国人更喜欢自由，他们认为平等和自由是非常重要的。他们欣赏的女性，是能够和他们一起承担家庭开支的人，同时要对自由有非常强烈的追求。

我和我的前夫G一起生活了六年半，结婚三年多。在他看来，我是一个不断向前，勇于提高的人。在瑞士的时候，我在很短的时间内学会滑雪，从黑道上冲下来，G总是用特别敬仰的眼神看着我。虽然我和G的婚姻以离婚收场，但并不影响他对我这种进取心的欣赏。在西方人眼里，能够不断地提高，和他们有共同的兴趣爱好，同时能够在经济上、心理上、情绪上独立，是他们特别欣赏的几个方面。

独立与温柔相结合，会让你结合西方女性和东方女性的优点。我去瑞士IMD念书的时候，班里的64个同学中，有54个是来自于欧洲各个国家的出色的管理者和家族企业的继承人，我依然成为班级里非常受欢迎的女士之一。一方面，我能够非常自信地在大庭广众之下提出自己的观点，经常跟他们就很多事情进行辩论；另一方面，我也会展现东方女性温柔的一面，我会关心他们每个人的状况，关注到他们不管是个人还是家里的变化，使得他们意识到这是西方女性身上很难看到的细心。

不管是欧洲男人还是美国男人，他们都比较欣赏女性的健美。如果你非常柔弱，在他们眼里是不美的，当然肥胖也不行。看起来非常阳光、健康又非常运动型的女性，在西方男人眼里才是有魅力的。如果他们见到一个知识型女性又十分健美，经济上还能非常独立，那肯定是非常受欢迎的。

我的兴趣广泛，知识面比较宽，喜欢做很多不一样的事情，而且对每一个人都充满了好奇心。所以，对每一个我见到的来自不同国家的朋友，我都会很关注他们，如果我跟他们在一起，他们就会觉得他们是我的世界的中心。这其实是他们的幻觉。

我到纽约之后结识了非常多的男性朋友，纽约是艺术家的汇集之地，在那里我认识了很多穷艺术家，也接触过华尔街上华而不实的投资者，还遇到75岁的拥有不菲财富的纽约客追求者。他们特别欣赏的是我非常独立，而且非常自由的灵魂。同时知识型女性总是非常受人欢迎的。

对于希望开始跨国恋爱和跨国婚姻的女性，我的建议是，首先从修炼自己开始，做一个经济独立、健康、朝气蓬勃的知识女性，做一个兴趣广泛、阅历丰富、有意思的女性，让对方觉得跟你在一起有无穷无尽的新鲜感，彼此能够互相学习。

## 6. 为何大城市的单身女性越来越多

在大城市的职业人群中，单身比例高已是一个社会关注的问题，无论是从媒体的各种报道还是从身边职场的同事朋友中，都会感受到单身的人数越来越大，而单身的女性也越来越多。实际上，在国内，一线大城市普遍有这样的趋势。

以我住过的纽约和上海为例，单身女性都很多。因为在这两个城市我居住的时间最长，接触的朋友也多，我深切地感受到，虽然两个城市有很多的相似之处，但是大家对单身女性的认识却完全不一样。

在上海，曾经有一位女性朋友，在听说我要去纽约工作的时候，若有所思地对我说："Grace，我明白了，像你这样离过婚的女人，在国外人家不会嫌弃；对你这样不要孩子的人，人家也不会觉得你有什么缺陷；另外像你这么强势的女人，外国男人可能还能接受，中国男人接受不了"。

这种观点，在中国可能有一定的普遍性。很多人对单身女性有一些负面的不理解的眼光，觉得她们是剩女、嫁不出去或者不愿意嫁；而对于像我这样离过婚的女性，在很多人眼里更是异类，是大众难以接受的。

但是在这方面纽约不一样。在纽约，我周围的女性朋友里有同性恋的，有双性恋的，有单身的，有单亲妈妈，各式各样的情况都非常多。生活状况五光十色，基本反映了在纽约的单身女性的精神状态，她们认为这是她们选择的一种生活方式，有自由，有个性。她们不是为了周围的人的看法而选择婚姻，也不会为了周围人的看法而选择独身，所以自己的生活过得非常精彩。

在我经常去的早餐厅里，常常会有许多单身女士，有的在看书，有的在专心致志地享受食物，也有的在摆弄着手机，生活得很自在。

而在上海，当我独自去正式的餐厅或者酒吧的时候，有的时候我会突然发现有人盯着我，我恍然大悟，原来我是一个单身女性自己在酒吧。

回想一下，同样作为一个单身女性在酒吧，我在北京、在上海，与在纽约，或者在伦敦，情景都是非常不同的，这也反映了文化的不同。

中国的很多媒体关注和报道所谓“剩女”，经常把这个现象说成一个特别严重的问题。其实，我个人觉得，这种现象一方面说明中国女性的独立性在增强，靠自己的收入也可以过得不错。另外一方面，中国社会的经济发展和人们观念的改变，使得女性在婚姻选择上更加自由和多元化，“剩女”并不是什么负面的词，可以是“盛女”完全盛开，更可以是“圣女”戒欲修行。

中国的“妇女解放”，“城市化”的发展，助长了更多女性选择单身生活。很多女性不愿意过早背上家庭、孩子这个“包袱”，她们更愿意专注于工作。如果在婚姻中觉得不快乐，或者想追求自由，女性也开始勇敢地选择离婚。

或许社会对这样的单身女性没有给予更多的正面认可，或许女性自己还没有意识到单身的这一价值。我建议女性也要开始反思，你是为了别人而活着，还是愿意追寻自己的真爱。一个人能够自己优雅地老去其实也是一种选择，可以把更多的时间放在自己的提高、修行、运动、包括事业上面。

一个人，自己快乐了才能把快乐带给更多的人。单身女性的增多，或许也是一种社会的进步。

不要为任何周围的压力，他人的眼光，或者经济上的压力而勉强和一个不喜欢的人生活在一起。如果自己觉得一个人更加快乐，就不要浪费自己的生命在一个不快乐的关系中。除非你碰到一个人，他让你想成为或者能够成为更好的人，那就不要犹豫，把单身彻底结束。

# 第六篇
# 会快乐

自律，消除负面情绪，做快乐的自己。

保持自信和积极的状态，别人跟你靠近的时候，会从你身上获得正能量；与积极的人接近，你也会获得能量。

# 1. 怎样看待负面情绪？负面情绪也是可以允许的

本节，和朋友们进一步探讨一下如何有效地缓解和消除负面情绪。

首先，跟大家分享一下我是怎么看待负面情绪的。所谓的“负面情绪”，更多的并不是你周围发生的事情，而是你的心理、身体的情绪对发生事情的反应，也就是说负面情绪是自我产生的，并不是事情真实的反应。而且你处在负面情绪里，有时候自己是很难摆脱的。

如果你把导致你产生负面情绪的事情写出来。把担忧可能发生的不好的事情写出来，事后你会发现，大部分事情并没有向你所担心的负面的方向发展，负面情绪只是自身感官对事情的一个反应而并非真实的事情。

那么怎样摆脱或缓解负面情绪呢？我分享几个我的做法。

首先正视自己的情绪。承认和意识到自己有负面情绪。我会约朋友聊聊天，听朋友讲讲他们最近碰到的事情。往往周围的朋友中有很多需要倾诉的事情。所以，听听他们遇到的困难，我的情绪就能得到很大的缓解——其实每个人都不容易，导致自己负面情绪的事情真的没什么大不了的。

另外一个特别重要的缓解负面情绪的方法就是运动。不管是从身体的角度或者是从心理的角度，运动能够把你的情绪发泄出来。让自己出汗，你的汗水会带着你的负面情绪，一起被排泄出去。跑步、走路、冥想、瑜伽都是很好的运动，不论是有氧运动还是无氧运动，都可以使你的情绪得到平复。

找到导致负面情绪的根源并进行改变，这时候负面情绪也可能预示着更大的机会。在我40岁的时候，由于较长的时间里一直做着重复的事情，有一年左右的时间自己就陷入了负面情绪里走不出来。最终我意识到自己的人生需要有一些变化了。于是，我离开了工作20多年的高管职位，从纽约回到上海，开始了全新的创业历程。如果你面临长期的一个低谷期、瓶颈期，做一些变化对自己或许很有帮助。

给自己积极的心理暗示。我总是默念的几个心理暗示语是：

这个世界上真没什么大不了的事情（Nothing matters）。

每件事情都会有解决办法的（Everything has a

solution）。

我们并不存在，唯有意识（We are nothing but consciousness！）

每个人的人生很短，我们都是浩瀚宇宙的一个小火花，所以更要珍惜这短短的人生！我们所能做到的，就是要使自己快乐，并能影响到周围的人，让周围人快乐。今天遇到的事情，过一段时间回头看，都不是什么事。

对于负面情绪，也不可掉以轻心。当你有负面情绪时，要通过跟朋友倾诉、以及通过上面的方法去消解和摆脱。否则，负面情绪慢慢地也可能转换成忧郁症。在国外，很多忧郁症患者会通过心理医生、膳食补充剂或者OTC药品来得到一些缓解，有的时候是可以得到缓解，但切记不要选择一个人看电视，这不是个好办法。靠看电视来摆脱低落的情绪，其实结果往往是适得其反的。

心理专家会推荐：

把遇到的事情，包括自己的情绪，不论正面还是负面的都写在记事本里。

到海边、到开阔的广场或者能够调动自己积极情绪的地方去散散心、走走路，使得自己转换心情。

把家里不用的东西清理出去，这样的话也能够带给自己一些正面的能量。同时借助一点体力劳动，转移自己的注意力。

多做运动。运动对抛出负面情绪很有帮助。

积极的心理暗示。一个人自己的情绪更多的是自我的反应，心理暗示也一样。在心里告诉自己：“我非常开心，没有什么大不了的，不快的事情都是短暂的，未来是美好的”。

负面情绪是确确实实存在的，我们需要做的，是正视负面情绪并通过积极的办法消解和摆脱负面情绪。

写日记、与朋友聊天、运动、清理杂物和积极的心态，都是消除负面情绪的好方法。千万不要让负面情绪积累得越来越多，那会导致抑郁症呢！

## 2. 用积极的暗示武装自己、停止自我否定

首先，我跟大家分享一下，我在美国学习心理学时，老师曾经讲过的一个特别知名的实验，叫作香饵实验。实验中找了一群中年妇女，让每个女人闻过10个不同的瓶子，然后告诉她们其中有三个瓶子里面有特别的香草的味道。结果，在这100多个人中有60%的人说她们确实闻到了这种香草的味道，而且还绘声绘色地描绘都是什么香草。其实这些瓶子里面根本没有香草。这就是一种强烈的心理暗示，就是说你的嗅觉跟你的大脑神经传送给你的暗示是直接挂钩的。

类似的，还有一个帽子实验。采访中，一个小孩子对着摄像头讲话，这个小孩子讲完之后，主持人问台下的24个成人说："你们有没有看到他哪一只手拿的帽子?"结果在这24个人中有21个人讲左手或者右手。其实这个小孩子根本就没有拿帽子。

这类无中生有的心理暗示对人是有积极作用的，例如给癌症患者服用普普通通的淀粉片或者是糖丸，但是告诉他们

这是专门针对他们疾病的新药，结果相当一部分患者的病发生了好转。也就是说心理作用对病人的康复都有非常良好的引导作用。

用积极的暗示来提高自己的乐观心态，我曾经分享过我参加纽约马拉松的故事。那次马拉松我跑出了3个半小时的成绩。我当时给自己的心理暗示就是，沿途所有观赛的人都是在为我喝彩。那么它对于我的状态包括我的成绩有特别好的影响。我在自己的背后贴了一个大大的China字样，每当我超越其他人，我内心就在想，他看到的是一个中国女子超越了他……这种暗示，让我处于一种异常兴奋、斗志昂扬的状态下，最后，我以远超自己预期的速度仅用3.33小时跑完了纽约马拉松。

我在听到任何一个表扬的时候，不管是在课堂里，还是在运动的时候，或者是在论坛上，只要听到任何正面的评价反馈，我都会认为这是对我的行为的认可。举个例子：今天早上我在练瑜伽，房间里面有50个练瑜伽的伙伴，我听到瑜伽老师说“great”，虽然声音离我很远，但是，我会想，老师穿越了这么多人都看到了我这个反转体式做得非常好，接下来的动作我要做得更好。所以，随时抓住对自己的正面暗示，那么对自己的整体表现满意度，以及对自信心都有非常大的帮助。

下面给大家几个具体的建议，能够让大家更好地树立正面积极的心理状态。

注意言谈举止，在言谈举止上表现出积极向上，朝气蓬勃，它会使你的心理状态也随之变得积极和活跃起来。例如，瑜伽是一个特别好的修身塑形的运动，同时也能修炼自己的自信心。因为它首先会使自己的体态变得端正，挺胸收腹，在你的形体向上的时候，同时也带动你心理上积极的状态。

卡耐基讲过，如果一个人对自己的内心有强大的支配能力，那么他对自己想要获得胜利的任何事情也有支配能力。一定要有积极的心态，你只有把自己看成一个成功的人，你才会成为一个成功的人。

多与积极的、有朝气的人在一起。我有非常多的朋友，就是为我身上的那股极积向上的正能量所吸引，而成为朋友和生意伙伴的。所以，保持自信和积极的状态，别人跟你靠近的时候，会从你身上获得正能量；与积极的人接近，你也会获得能量。

不论事情是否顺利，要心怀感激。如果事情发展得很顺利，自然会心存感激；如果事情发展得不顺利，也要心平气和地来接受并处理不顺利的事情。珍惜任何小的快乐，而且愿意去更多地付出、不求回报。往往你在不求回报的过程中，会得到更多的回报。

坚持用积极的心理暗示来提高自己的自信心，这不仅仅能扭转事情的发展趋势，还可以治疗各种心理和生理上的疾病。

我们需要在形体上、心理上，向成功靠近，那么成功才会向你靠近。保持乐观的心态，会赢得很多的朋友，甚至赢得事业、爱情和婚姻。

## 3. 如何做个自信的女人

如何做一个自信的女人？

见过我的人大多会认为我是一个超级自信的人，有的时候会觉得我过度自信甚至自负。但我的自信并不是天生的。自信和自卑总是一对姐妹，极度自信的人，也肯定有自卑的一面。自卑的人，内心也有强大的一面。所以，我的自信，先是从自卑开始的。

小的时候，我非常瘦弱，而且父母重男轻女。当别人夸我“这个女孩儿眼睛好漂亮”。我妈妈总会说“漂亮啥、瘦得跟猴子似的”。那时我就非常自卑，觉得自己是个猴子。我就想，怎么样才能够赢得大家对我的喜爱呢？那就拼命学习吧，只有学习好，才会让别人对你刮目相看。于是我努力学习，学习成绩直线上升，我想，长得像个猴子，但是个很聪明的猴子。在赢得了老师、同学、周围人的赞赏的同时，也为自己赢得自信。

我认为，女人的自信，最重要的是来自经济上的独立。你不需要仰仗别人给予金钱也能过上好的生活，你才会有稳定自信的资本。

那么怎么样成为一个自信的女人，让你的蓝颜知己欣赏你，让你的红颜知己喜欢你？下面是我的一些小建议。

第一点，衣着干净得体，在合适的场合穿合适的衣服，尽量不要暴露。因为暴露，只能证明你需要用女性的躯体才能引起别人的注意，而不是靠女性的头脑和相处的艺术。

第二点，面带笑容，一个乐观的人，会吸引更多的人。即便是目前阶段的境遇让你已有负面情绪，那你也要表现出乐观的态度，让别人感觉到你是一个乐观自信的女性。你的负面情绪也可能因此而得到消解。

第三点，保持独立！独立有很多层次，而经济独立是地基。除了经济上独立，头脑上也要非常独立。让你周围的人觉得你是一个有思想的人，所以要多看书、多学一些知识、多同比自己出色的人接触，多向别人学习一些能够变为己用的知识和经验。当我在跟一个人沟通的时候，他就是我现在的重心，这时候你要把全部的注意力都放在他身上，更多地体会到他此刻的需求，他的喜怒哀乐……，那么对方也会真切地感受到你的善意与理解。

自信和自卑常常相伴而来。自信不是生下来就有的，往往是经历了一个自卑和战胜自卑的过程。

通过不断地提高自己，获取发自内心的自信。我个人认为，对于女性而言，要追求经济上的独立，人格上的独立，思想上的独立。而经济独立是女性内心自信的基础。

## 4. 爱自己多一些

前一节我曾经说过，我妈妈是传统的中国式家长，当别人表扬我眼睛漂亮的时候，她总是说“漂亮啥？瘦得跟猴子似的”。我的父母还重男轻女，所以更多的注意力都在弟弟身上。但是，这也让我领悟到，自己一定要独立，要更爱自己。不管你生于什么样的家庭，你都有能力自己选择爱自己。只要选择爱自己，你就会有更多自由独立的空间。有了独立就会有更多的自信。父母所能给予我们的，仅仅是其中的一部分，而我们能够给予自己的实在是太多了。

在中国传统文化教育下成长起来的女性，往往把更多的注意力放在别人身上。但我认为，女人爱自己是很重要的，你只有爱自己，才能更好地去爱别人。一个女人不够爱自己，也不会有很强的自律性。

但是怎样才能更好地爱自己呢？我打个比方，如果女性的幸福生活是一个房子，那么要有四根牢靠的柱子。这四根柱子我认为是——独立的工作能力和收入，好的家人和朋友的圈子，幸福的婚姻和爱情，还有健康的身体。爱自己，就努力用这四个方面来撑起自己的幸福的房子。

但是，不可能所有的人生活都是完美的，都有四根坚实的柱子，那是不是就不可以建造一个完美的房子？也不是。有三根柱子的房子也是稳定的，我没有完美的婚姻，但我学习接受不完美的自己。用3根柱子支起了幸福、牢靠的房子。

小的时候，家里不是非常富裕。冬天的时候，在北方能够吃上苹果是很难得的。我们家每次吃苹果，父母都会先把烂的吃掉，再吃烂一半的，最后再吃好的苹果。所以，我印象中，好像一直没有吃到过一个新鲜的苹果。爱自己要先从新鲜的苹果吃起。

如果你希望从别人爱你的过程中意识到自己的价值，这往往是因为自己不够爱自己，没有足够的自信心，所以，我们要先学会好好爱自己。

爱自己首先要从爱自己的身体做起。关注自己吃下的每一口食物，每一口食物都会变成身体一份子。健康的食品才能保证你身体的健康。

更多地去运动。因为运动不仅仅锻炼你的身体，更使得你有积极的心态，从而使自己变成一个更加快乐的人。

爱自己也体现在不断地充实自己，不断地自我学习，自我提高，使自己变成一个非常有趣的人，既使变老也要优雅地老去。

我相信很多人都跟我一样，在人生中经历过很多自我否定，同时又自我对话，自我成长。不断地读书修行，经历人生的起起浮浮，大智慧来得正是时候。

爱自己多一些，做独立、自信、快乐的女性。你会经历这样的一个过程：从自恋到自我，到自由，到自信，同时能够更多地爱其他的人。

爱自己，首先要爱护自己的身体，吃健康的食物，多健身；要不断地学习，自我提高，让自己有更强的自信心。爱自己，才会有更强的能力和宽度去爱更多的人。

## 5. 内心强大的必修课

怎么样能够获得安全感，是每个女人的必修课之一。

我这里想说的安全感，不仅仅是一个让你觉得身体不受到危害的最基础的安全感。而是一个可以称之为安全港湾的所在。它可以是一个人，也可以是很多人；可以是一个地方，一个环境、一所学校、一份工作……她可以让你心灵有所寄托。使得在面对这个人，或者处在这样一个环境下的时候，你感觉到自己内心的安宁，有源源不断的能量和动力去实现你的人生的梦想。

小时候，我在家里是缺少安全感的，于是我把更多的精力放在学习上，学习成为了我的安全港湾。在学习中我得到支撑和能量。依赖于教育，我才能够摆脱自己的命运，走向更广阔的世界。

后来，在工作中，我的安全感则来自自己不断进取的状态，让自己在职场上一步步地向前走。再后来，我去洛桑IMD学校学习，我发现学校是一个强有力的磁场，她见证了我的职业、身体和心灵进步的历程。IMD学校所代表的一个大的宏观环境，包括我的校友，包括学校的教授，所有度过的时光，我学到的知识等等，构成了一个巨大的安全港湾。

我认为，安全港湾必须要具备几点因素。第一点就是她的气场足够强大。有的人让你感到气场强大，在他面前你会觉得自己矮小许多，需要去仰视他，这个气场就来自这个人本身的力量。第二点就是她确确实实让你感觉到安全，某个特定的人或者某个特定的环境都可以是一个人的安全港湾。她还可能来自于你所受的教育、你的工作或者是你的一段经历，你的社交网。第三点就是她使你能够不断地获得能量，让你不断地学习，提高自己。如果你的伴侣，能够让你成为更美好的自己，这就是你的安全港湾。

为什么安全港湾能够使自我更加强大？因为你可以赤裸裸地向她坦诚，哪怕是一个最不堪、最原始、最裸露的自己。你不担心她会来伤害你，她让你坦诚地面对自己；当你再一次遇到挑战，你依然可以回去向她再一次敞开自己，再一次汲取新生的力量。

很多时候，我们对安全港湾的这种信任感，又使得我们愿意毫无保留地为她多做一些事情，而不求回报。这是一种自发的，希望她和你一起变好的愿望。

找到自己人生的安全港湾，在这里，她会使我们不断进步，不断前行，使我们变得越来越强大，实现更好的自己！

安全港湾，可以是人、可以是一段关系、可以是一个地方，还可以是一段经历，也可以是由上面这些因素所构成的一个巨大的体系。

## 6. 当你老了，如何做一个依然受欢迎的女人

当你老了，如何做一个依然受欢迎、被欣赏的女人？许多女人暗自都会想到过这个问题吧。

我们可以想一想我们周围比较受欢迎的人，她是什么样子。

在纽约，我有一个忘年交朋友，她叫 Linda，今年76岁了。她每天从早到晚安排得都很满，做几份义工的工作，坚持健身，每周去MET大都市博物馆和林肯中心看表演。她曾带我去看她喜欢的一些展览，而且总是能够娓娓道来地讲每一个艺术家和作品的故事。Linda有很多有意思的故事和经历，她常会跟我讲，她在印尼跟她的第一任丈夫的故事，她在伊朗跟第二任丈夫的故事。她甚至会很幽默第二任丈夫在伊朗莫名其妙被车撞死了，她继承了一大笔遗产，她的干儿子于是不停地向她借钱，最后她不得不跟干儿子断绝关系。

她讲得有意思，让你听了觉得在，啼笑皆非之间，还能够获得很多人生的真谛。

Linda在75岁环游东南亚时来上海看我。我把我的父母

叫来上海，原本是想照顾她，但她比我的父母还要灵活，甚至在地铁里都是由她来指引我的父母。

我最近见到她，她告诉我，她恋爱了，是一个小11岁的男朋友。她说："我在纽约，他在加拿大，我们保持这种远距离的关系，但是你觉得我要不要结婚呢？"哇，我就在想，太赞了！她简直是我的楷模，我希望75岁的时候也有这样少女般的心态。

从Linda身上，我知道了，如何使得自己也能成为一个受欢迎的人。

我们要在年轻的时候积累财富，让自己有一定的经济的实力；不断地去旅行、去尝试不同的生活方式，让自己经历更多的事情，有更多的故事；有一颗特别愿意帮助别人的心，尽可能地去帮助别人，参与到公益事业中；做一辈子的少女！

忘记自己的年龄，做一个即使老了也一直让人喜欢的女人。

做一个有温度的人。爱自己，同时能够爱别人。有自己的兴趣和爱好，尽可能多做一些不一样的事情，多去一些不同的地方，保持年轻的心态。

# 7. 40岁，不是凋谢而是盛开

在本书的最后一节，说一说我的40岁的感悟。当人到中年，实现了一些人生梦想，或者进入了趋于稳定的工作与生活状态之后，如何突破自己，成为更好的自己，是摆在每一个40岁女人面前的问题。

也许你还很年轻，离中年、离40岁还很远，那么也不妨未雨绸缪。因为你总归会碰到这一天。

为什么要谈40岁呢？因为从心理学角度分析，人在35—40岁期间被定义为中年危机高发期。在这一时期的人，通常家庭稳定、事业小有成就，但会感觉到莫名的虚无。因为，你会觉得上一个台阶不那么容易了，有了居安思危的危机感。在这个阶段，即使你已经在大公司做到高管也有危机，因为你比别人“贵”很多，公司完全可能找一个30岁的人替代你。而你在进入40岁左右平稳的状态后，会忽然感到失去生活的方向，心灵感到空虚，这就是中年危机。

我在40岁的时候，觉得已经实现了我年轻时追寻的人生梦想——毕业于瑞士商学院IMD，在纽约工作，还跑过纽约马拉松……当这一切实现的时候，忽然感到非常空虚。所以在那个阶段，我开始尝试冒险，去了一些非常危险的地方，表面上像是在磨练自己，其深层原因是由于内心迷失而不知该做什么。

但是我很快恢复过来，重新振作，进入微娃营养这样的一个创业的事业中来。我是怎样度过这一中年危机的呢？

不放弃运动。即便是在我人生处于最低谷的时候，每天早晨我依然都会坚持起来跑步，即使是在世界各地旅行时，也会坚持跑步。努力让我的身体一直保持在最佳的状态。

不放弃学习。不论什么时候，从来没有放弃学习。我在这段时间熟练掌握了西班牙语，还去世界各地学习当地的营养草本植物和食品。

坚持补充营养。我坚持服用适当的营养品来补充身体所需的各种营养素。这使得我能够保持一个均衡的营养状况和身心健康。

保持精神独立。不管你有没有婚姻、有没有孩子，有没有事业，在精神上一定是非常独立的。我一直坚信不管到任何时候，自己的人生要自己把握。即便是在婚姻里，一定不要把希望寄托在别人的身上。只有通过自己的努力，才会有一片属于自己的天空。

有丰富的业余爱好。我的爱好很多，因为我对所有的新鲜事物都感兴趣。在能够安排自己时间的前提下，我学习外语，还学习绘画、舞蹈，尝试参加不同的运动。

多与人交往，和他们找到共同的爱好，不但丰富了自己的生活，还增加了新鲜的经历。

勇敢地寻求改变。寻求生活中新的亮点和体验也是一种度过人到中年的迷茫期的方法。我在40岁的时候，找到了我人生的新目标，就是要把好的营养品、科学的健康理念带给我的家人、朋友和更多的人。于是我毅然放弃了纽约的工作和家回到上海，开始了全新的创业，这也代表着我不断地挑战自己现有的状态，寻求改变。我们每个人，不管是从工作中，日常生活中，应该有意识地从自己舒适的状态中跳出来，使得自己的人生有一些变化，你会发现，这些变化可以使得你整个身体和心灵上都获得再造的机会，让你重焕青春，甚至会让你觉得自己比过去更加青春。度过中年危机，恢复少女般的心态。

虽然我已经44岁，但是不管是在体力、智力以及敏捷度上，都可以跟年轻人一比高低。这也就是为什么我有勇气在40岁的时候回国创业，在创业的这四年中，我一直觉得自己是在“玩”一件自己特别喜爱的事情，每天都在享受美好时光、享受生命。这也就是为什么40岁的我敢跟一群90后去做脑力和智力的竞争。我去挑战了“一站到底”，并取得“一

站到底”的冠军；我在很多电视节目里普及营养知识；在社交平台做音频和视频节目，在写作平台上写作……不断地充实自己，才觉得没有浪费自己的生命。我们每个人都是茫茫宇宙中的一粒小沙子，一个小火花，因此，生命更加可贵。真实地活好每一分钟，呼吸之间，无限可能！

女人的美丽，20岁靠天生，30岁靠生活，40岁靠修炼。人到中年，不论是事业有成，还是过着平凡的生活，不论在人生的高峰还是低谷，你都很容易陷入舒适区的慵懒之中。

做一个自律的人，坚持运动，坚持学习，不断完善自己，不断突破自我的舒适区，你一定能成为自己的女神。